U0071878

西餐烹調
理論與實務
Western Cuisine Theory and Practice
賴顧賢◎著

容　序

西餐是一門博大精深的領域，然而賴顧賢老師以創新、活潑且精要的方式，精心編纂《西餐烹調理論與實務》一書，引領我們走進專業西餐廚藝的新世界。

賴老師現任本校餐飲管理系技術教師，過去先後服務於高雄漢來大飯店、臺北遠東國際大飯店及高雄晶華酒店等知名企業，並擔任主廚一職。服務業界期間，曾於一九九六年奉外交部指派參與菲律賓亞洲廚藝競賽，以及赴馬來西亞檳城參加國際廚藝大賽，屢獲佳績，二〇一〇年及二〇一三年更遠赴新加坡參加國際廚協廚藝賽榮獲金牌及銅牌，其專業與創意能力深獲肯定，贏得餐旅各界讚譽及莘莘大眾學子之青睞。

賴老師能藉由實習的教學過程，運用富有創意且經典的食譜，讓學生認識西餐基本食材及專有名詞，學習專業知識並訓練實作技能，不僅活化西餐教學，並為同學奠定穩固的專業基礎，對初學者而言，本書是值得一讀的最佳西餐入門指南！

值賴老師顧賢大作付梓之際，謹略綴數語，敬表賀忱，並用以為序。

國立高雄餐旅大學校長

容繼業　謹誌

二〇一三年二月十四日

自　序

回想起剛接觸西餐的日子雖仍記憶猶新，然而一轉眼已過了二十個年頭，從最初在臺北兄弟大飯店的工作，1996年在臺北遠東國際大飯店時，受外交部指派代表臺灣參加菲律賓亞洲廚藝競賽西式自助餐榮獲銅牌獎，2002年參加馬來西亞salon廚藝西式套餐、西式自助餐冷盤榮獲雙銅獎，到1999年參與籌備高雄晶華酒店開幕，一路走來，箇中滋味、酸甜苦辣道不盡，最後發現單單追尋自我成長是不夠的，似乎應該以推動餐飲產業、培育新一代餐旅專業人才爲目標，方能更進一步刺激臺灣西餐的發展，就這樣憑恃著一股對西餐的熱愛，毅然決然離開業界，投入教職工作。

西餐領域的浩瀚、奇妙、細膩與別緻，確實需要時間與功力去體會。在經歷過各項大小比賽、於職場上面臨各種挑戰後，愈益發現基礎的重要程度，常言道：「師父領進門，修行在個人。」事實上，所有的創意都來自於穩固的專業基礎，因此，本書希望藉由豐富的圖片和生動的編排方式，來引起學生的學習意願，並以簡要的解說，來幫助學生了解西餐烹飪的專業知識與應熟習之技術，以奠定良好的西餐烹調基礎。

這本書的誕生要感謝身邊好友與同事的大力支持與鼓勵，尤其是帕莎蒂娜法式餐廳、美雅食品有限公司的林美娟小姐、麥香魚公司的馬小姐等，諸位義不容辭的挺身相助眞的讓我非常感動，也要謝謝所有協助本書實作部分拍攝的學生們以及揚智文化公司的編輯群。最後，我要謝謝我親愛的家人，感謝你們這段時間的陪伴與支持！

本書之編撰力求完美，但仍有百密一疏之憾，尚祈諸位先進不吝賜教。

賴顧賢　謹誌

2013夏於高雄餐旅大學

Contents → # 目　錄

理論篇

實務篇

前菜

湯品

主菜

甜點

前言

從早期台灣所學的西餐，到近來國人受到多元飲食文化衝擊所演變的西餐料理，兩者已截然不同。多家國際五星級飯店先後在台灣進駐，又加強了台灣西餐烹調方面專業的概念。再加上國際廚藝競賽的文化交流，更是縮短跟國外餐飲廚藝距離。另外，一些餐飲界的先進在國外廚藝競賽所獲得的寶貴餐飲專業知識及潮流趨勢，更推動國內餐飲文化，使西餐廚藝更上一層樓。

筆者本身從事餐飲廚藝工作有二十多年之久，目前轉任學界擔任廚藝教師。目前國內飯店林立，在競爭的餐飲服務業中，如何讓學生學習並擁有專業的廚藝技能，最重要的就是具有國際觀的理論與實務廚藝技能。

過去筆者曾以交換老師的身分前往姊妹校法國里昂保羅伯居斯廚藝學院（Institut Paul Bocuse）協同授課，也曾前往美國尼可斯州立大學（Nicholls State University）受訓，親身體驗這兩所大學的教學，他們讓學生處於有如在飯店餐廳般的工作環境實際操作，讓學生擁有深厚的廚藝基礎和豐富的工作經驗。

爲了將國外完善的教學體系帶進台灣，本書融入了國際性的教學內容，將逐一介紹：歐洲廚藝美食概述、常見西餐食材、西餐烹調必備的調理器具與設備、西餐烹調常見的切割方法、西餐基本烹調法、法國菜、義大利菜、美國菜、澳洲菜及異國料理等加以編排，可供作爲西餐專業教學教材，使讀者們不需遠赴國外，即可做出高水準的西式佳餚。

而西餐烹調實務操作方面是以套餐方式呈現，主要分爲前菜、湯品、主菜、甜點四大部分，方便讀者彈性搭配練習。作法每一步驟皆有詳盡解說及精彩圖示，引領每位讀者都能輕輕鬆鬆地自由搭配做出多套頂級西式料理。

法國里昂保羅伯居斯廚藝學院（Institut Paul Bocuse）

西餐概述

何謂西餐？

廣泛說來，只要是不屬於亞洲菜式（如台灣菜、中國菜、日本菜、韓國菜、印尼菜、馬來西亞、泰國菜、越南菜、印度菜……等）的歐美菜系之西洋料理都可稱爲西餐。但因異國料理興起（如紐西蘭菜、澳州菜、加州菜），因而產生多國的變化創意料理菜餚（東西合併菜系）。不過也有截然不同的解釋，如澳州菜、加州菜等都是以西餐基本烹飪手法加上多國料理加以創新創作，以符合時代潮流，流行趨勢。

傳統的西洋基礎烹調法，皆以法國烹飪手法爲基準來準備菜餚，主要是因爲愛斯可菲（Auguste Escoffier）和卡雷姆（Antoine Careme）留下許多經典之作。如法國廚師之父愛斯可菲在《烹飪指南》（*Le Guide Culinaire*）書中曾經說過：「廚藝將隨著社會進步而進步，基本烹飪法則仍然不會改變。」（摘自薛明敏，《西洋烹飪理論與實際》，1987）

西餐烹飪風格主要以法國、義大利及歐洲菜系爲主，加上近來創意健康料理，如澳州菜、美國加州菜等菜系爲輔，爲西餐流行趨勢。以下將介紹法國及義大利美食。

法國人文美食概述

法國的烹飪是文明世界的榮耀之一，已成爲其他料理界的評定標準。事實上，法國的烹飪包含了幾個不同的烹飪手法。茲分述如下：

1. **Haute cuisine**（法國傳統的高級烹飪術）：源自於查理曼大帝（Charlemagne）的宮廷。Haute cuisine是一種精緻的藝術，有簡單的湯，還有常見的烘烤料理。這樣經典的烹飪術是在19世紀和20世紀初期的時候，它以昂貴和奢華的食材聞名，像是鵝肝、魚子醬、松露及昂貴的醬料，更特別的是吸引人的菜單設計和精緻的服務。
2. **Nouvelle cuisine**（新潮式烹調）：減少奶油、注重健康，採用蔬果的清淡烹調。此法起源於1970年代晚期，當時人們開始喜歡輕食料理，且採用新鮮食材，料理簡單，也讓人聯想到亞洲菜。
3. **Regional cuisine**（地區性烹飪）：也稱作鄉村式烹飪（rustic cuisine），幾乎代表了全法國的烹飪，從巴黎的小飯館到鄉村裡日常的飲食烹調比比皆是。

菜餚種類繁多和烹飪手法表現多變，在法國各地區中，皆有地方美食聞名全世界，如柏根地區的名菜蝸牛（Escargots）、布列塔尼地區的可麗餅（crépes）、巴斯克人典型的綜合蛋餅（piperade）、馬賽地區的馬賽魚湯（Bouillabaisse）、洛林區的鹹派（Quiche Lorraine）、亞爾薩斯的醃酸菜鍋（Choucroute）、普羅旺斯的鹽漬鱈魚泥（Brandade）等（摘自*Great Cuisines of the World*）。

1997年法國藍帶廚藝學院（Le Cordon Bleu）主廚米歇爾．克利斯（Michel Cliche）來台，他帶來第一手法國美食資訊「法國菜更健康了！」，傳統法國佳餚那種打翻奶油、調味罐的作法，這幾年已經轉向「崇尚自然、尊重健康」靠攏，打破法國菜讓人發胖的刻板印象。

2007年，我任職於國立高雄餐旅學院時，以交換老師的身分到法國里昂保羅伯居斯廚藝學院（Institut Paul Bocuse），發現一向把烹調當作藝術欣賞，平時將美食看做生活哲學的法國大廚，在解釋「法國美食冠天下」的論點時，常常在課堂上跟學生提及：「異國料理」的存在。如「中國菜、泰國菜、日本菜、義大利菜……，都有令人驚喜的佳餚。」法國菜不敢稱最好，但是「法國仍然擁有一流烹飪手法」，而且對待食材方面絕對認眞。

法國的美食傳統歷經數百年來的發展和精鍊，已經使法國飲食提升到精緻藝術的層次，但其實鄉村的菜餚也十分注重食材的處理和料理的細節，法國人認爲成功的法國菜在於善用新鮮當令素材更重於烹調技術。

這幾年法國廚師開始替濃郁醬汁減脂，同時學會尊重食物原味，辛香料也加得少了。這樣的結果反而凸顯食物的眞味，也就是「尊重原味」的烹調手法。

我在法國廚藝學院作菜更加深刻感受到：(1) 用心尋找上等食材；(2) 利用原味做菜；(3) 健康走向的法國菜；(4) 作菜極度認眞學習，態度也應證當時主廚米歇爾．克利斯的說法。

義大利人文美食概述

追溯義大利烹飪的起源，其實就是整個西方的烹飪始祖，也是最早在歐洲發展的烹飪。羅馬受到了希臘和亞洲的影響，使烹飪更豐富了，而鄉村烹飪在法國和西方部分地區也留下了深遠的影響。

一般認爲，流行的義大利烹飪有兩部分：

1. 北方：義大利北方的食材大部分是米飯、肉類、奶油和起司。在北方的烹飪較常使用起司，像是一些軟質的馬斯卡邦（mascarpone）和硬質的帕瑪森（parmesan）。經典的原料有：鯷魚、麵包屑、酸豆、茄子、蘑菇、橄欖油、橄欖、洋蔥、義大利培根（pancetta）、prosciutto ham、mortadella sausage、蒜味香腸、鹹豬肉、番茄醬料、義大利麵（pasta），以及多種類的硬質乳酪，包括parmigiano-reggiano（parmesan）、 provolone，還有軟質乳酪，像是fontina、gorgonzola、mozzarella和ricotta 等。

2. 南方：南方的主食是義大利麵、魚類、蔬菜、橄欖油。義大利的地區性烹飪代表全義大利的烹調，有特別的吸引力及多樣性。簡單卻又豐富的烹調，所使用的食材都是容易取得的原料。波洛尼亞地區是北方烹調的始祖，以義式肉醬寬麵（tagliatelle Bolognese）、帕爾瑪火腿和香腸等聞名（摘自*Great Cuisines of the World*）。

西餐食材認識

西餐常見的香料

香料概述

香料是一種能散發香氣吸引人的植物，可分為：
- 香料（Herbs）：任何香草植物的葉皆稱之。
- 辛香料（Spices）：植物的根（Root）、苞（Bud）、果仁（Fruit）、果皮（Peel）、籽（Seed）稱之。

香料及辛香料的運用基本原則

1. 加某種香料進入原物裡，增強本身的味道稱為「調味」（Seasoning）。
2. 加某種香料進入原物裡，修正、調整本身的味道稱為「風味」（Flavoring）。
3. 揮發性或非揮發性的香料特性正確之運用。
4. 非揮發性香料烹調時加入使用。
5. 粉狀及揮發性的香料烹調到最後面才加入。
6. 香料使用不可過量。
7. 使用香料及辛香料時，加入平底鍋中以中火加熱，搖動鍋子，直到香味出現，移開火爐，就可以加入所需要的鍋中烹調了。

香料及辛香料的作用

1. 矯臭：氣味強，可消除或蓋掉食物令人討厭的味道。
2. 賦香：香料原始的作用，加入食材內修正、調整本身的味道，增加香味。
3. 辣味：與香味一起刺激鼻舌，激發唾液與胃液的分泌，增加食慾的功能。
4. 著色：特定區域菜餚，含有著色香料，成為香料的特徵。

矯臭作用之香料

月桂葉（Bay Leave）

具矯臭作用，可消除魚肉腥味或蓋掉食物令人討厭的味道。常被用於西餐或泰式料理中，具有獨特迷人的香氣，也具有防腐、助消化的效果。主要產地爲地中海國家、希臘、義大利、土耳其等。使用乾燥的月桂葉較有味道。

蝦夷蔥（Chive）

又稱珠蔥，具矯臭作用。細長綠色的莖部有如縮小版的青蔥。盆栽科，與蔥同科。具揮發性，烹調快完成時才加。產地在歐洲、美國及日本。歐洲人習慣搭配奶油起司（Cream Cheese）與蝦夷蔥入菜。常與魚肉類、馬鈴薯、蛋、乳酪一起入菜烹煮。

薄荷（Mint）

主要產地爲歐洲、美洲、英國、美國。主要烹調用途爲製作酒、糖果、飲料、沙司、香草茶、口香糖、果凍、水果點心等，是小羔羊排（Lamb）最主要搭配的香料之一。

奧勒岡（Oregano）

屬薄荷家族（Mint Family）。主要產地爲墨西哥、義大利、歐洲。揮發性與百里香相似。烹調時最後再放。主要烹飪用途爲搭配肉類燴煮、製作披薩及義大利菜餚。

荷蘭芹（Parsley）

屬於盆栽科，針葉狀香草植物。主要產地爲地中海一帶、東歐、西歐、中歐。與任何食物都搭配，只有甜點、水果不可搭配。

迷迭香（Rosemary）

屬於灌木植物，主要產地爲地中海一帶。烹飪用途：肉類、家禽、高湯、沙拉、湯，用最多的是野味。Rosemary這個字是由拉丁文（ros marinus）而來，意指「海之朝露」，羅馬人稱迷迭香爲「神聖之草」，迷迭香在藥理上有殺菌、抗氧化的作用。義大利菜餚常使用。

鼠尾草（Sage）

屬於盆栽科，採用葉子。主要產地爲歐洲、英國、義大利。主要烹飪用途爲：(1) 去除肉品的腥味；(2) 加入洋蔥一起爲塡充料；(3) 與其他香草作爲茶飲；(4) 適用於家禽類、肉類、法式肉醬派（Pâté）。

百里香（Thyme）

屬於唇形葉狀。烹調特性：比一般烹調時間長，才能促進味道。法國菜常用，具有矯臭作用。爐烤野味時間以一小時爲佳。

蒜頭（Garlic）

大蒜未切開時尚無刺激味（來源：蒜素原），切開後會產生刺激味（硫化物），並具有香氣及殺死細菌的功效。

丁香（Clove）

屬於東南亞常綠熱帶植物芳香花蕾。主要產地在印尼到亞洲一帶。味道刺鼻，通常10 公升液體放一顆。烹調用途：肉類、高湯、燴煮食物及甜點方面。

荳蔻（Nutmeg）

由果仁外殼磨成粉狀。主要產地在印尼一帶。烹調用途：點心、飲料、菠菜、蔬菜，醃泡方面。

賦香作用之香料或辛香料

羅勒（Basil）

賦香香草。屬薄荷家族，主要產地在東南亞一帶，流傳中歐。任何食物都可用到。此即台灣俗稱的九層塔。歐洲人用於海鮮中，義大利菜最多，中歐、西班牙次之。有「香草之王」 之稱。品種非常多，有紫色羅勒等。

香菜（Coriander）

賦香香草。屬荷蘭芹家族（Parsley Family）。主要產地爲地中海摩洛哥、法國、亞洲。爲野味、泡菜、咖哩粉之成分。香菜子需長時間與食物一起烹煮。香菜葉使用於沙司、沙拉及海鮮等裝飾用。

澤芹（Chervil）

盆栽科，葉捲狀。主要產地在西亞一帶，傳到俄國。用途在製作湯品、沙拉及沙司等，跟海鮮頗搭配。

大茴香（Anise）

屬於荷蘭芹家族，產地在墨西哥、西班牙、黑海一帶。烹飪用途：製作餐前開胃酒和利口酒（Liqueur，甜酒類）、飲料、藥物、湯品、麵包、燴煮。大茴香是製作茴香精油、茴香烈酒、茴香酒、茴香甜酒的必備品。

牙買加辣椒（Allspice）

屬刺鼻性常綠樹植物。產地在牙買加、墨西哥、摩洛哥。烹飪用途：用於果實類、香腸、法式肉醬派、湯品、麵包和野味中。

葛縷子（Caraway）

又稱凱莉茴香，屬於灌木科，也是屬於荷蘭芹家族。產地為亞洲一帶到歐洲以及西伯利亞一帶。烹飪用途：麵包、酸菜、糖果。

酸豆（Caper）

特性：不需要長時間烹煮。產地在地中海、義大利、西班牙。烹飪用途：韃靼牛排、沙拉。

香草（Vanilla）

主要產地在中美洲及南美洲，利用部位為果莢。Vanilla被泛稱為香草，其實香草豆本身是一種野生攀藤植物，屬於3年生的爬蔓類蘭花科植物，在不受人為控制且自然規則生長下，其高度可長至10-15公尺。花朵具芳香，呈黃綠色，花謝結果呈豆莢狀，經生香之後表面呈黑色、蠟質的條狀。

茵陳蒿（Tarragon）

屬於盆栽科，葉狀植物，跟橄欖相似。產地在歐洲到俄國以及蒙古一帶。烹飪用途：肉類、沙司、沙拉、湯品、魚類，可當醋用。

茴香（Dill）

屬於盆栽植物，針葉狀植物。烹飪特性：揮發性的香料。產地在歐洲、美國、 西印度群島。

肉桂（Cinnamon）

屬於月桂葉家族，常綠植物。產地在亞洲 、 印度、中國。烹飪用途：一般用於點心類、甜點。印度咖哩粉、五香粉及滷包的主要成分之一。

小茴香（Cumin ）

屬於荷蘭芹家族。爲咖哩粉成分之一。產地在德國、法國。烹飪用途：香腸、肉品、麵包、泡菜方面，與起司有搭配性（屬於歐洲人用餐習性）。

杜松子（Juniper ）

屬於灌木，跟松柏同科。烹飪特性：取其果仁，顏色爲藍黑色。產地在義大利、羅馬尼亞、捷克。烹飪用途：甜酒、琴酒、酸菜，最適合野味的製作。

瑪佐蓮（Marjoram）

又稱爲牛膝草、馬郁蘭草，屬薄荷家族。爲揮發性香料，產地在英國、德國、法國、地中海一帶。烹飪特性：略長一點時間烹煮。烹調用途：肉品烹調，搭配羊排最好。

辣味作用之香料或辛香料

胡椒（Pepper）

產地：印尼。烹飪用途：調味料。種類可分爲：黑胡椒粒（Black Pepper Corn）── 未成熟即摘下曬乾。白胡椒粒（White Pepper Corn）── 成熟後摘下，去皮曬乾。綠胡椒粒（Green Pepper Corn）── 未成熟即摘下，顏色未變之前浸在特殊的汁液中。

山葵（Wasabi）

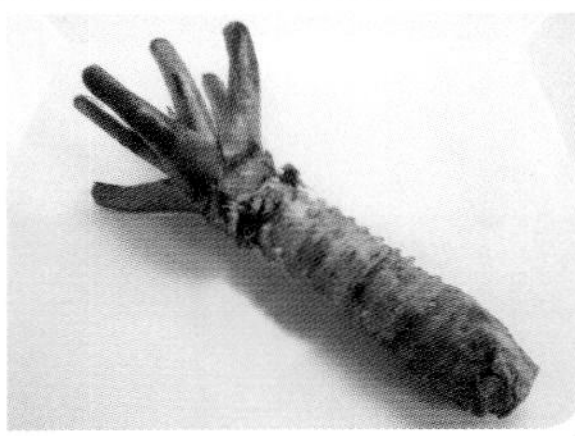

屬於十字花科植物，根莖類。根部呈綠色，氣味容易揮發。山葵根需磨成細泥狀才能使用。烹飪用途：壽司、生魚片，適合搭配海鮮食用。

紅辣椒粉（cayenne pepper）

屬於一種紅椒製成之粉末，咖哩粉成分之一。烹飪用途：湯品、沙司、海鮮類及乳酪。

著色作用之香料或辛香料

黃色系辛香料

鬱金香（Turmeric）

植物中帶有的色素最多，咖哩粉成分之一。產地在東南亞、印度、非洲、澳洲。烹飪用途：沙司、泡菜。印度素食烹飪中，各種豆類菜餚幾乎皆仰賴鬱金香調味增色。

番紅花（Saffron）

屬於揮發性辛香料。產地在亞洲、西班牙、法國、義大利。烹飪用途：沙司、湯品、糕餅。爲世界上最貴的辛香料。番紅花中花蕾經乾燥而成，重量相當輕，2萬條細絲柱頭只有125g，因人工栽採故價格昂貴，置陰涼處可存放2-3年，含豐富維生素B2與核黃素。

紅色系辛香料

紅甜椒（Paprika）

烘乾後磨成粉。味道帶有焦糖水果味或煙燻味道，條件不同而有黃色、黑色、紅色，其中以紅色品質最好。產地在西班牙、法國、南斯拉夫、匈牙利、義大利。烹調用途：用於裝飾方面有陪襯作用。西班牙產的是淺紅色，匈牙利產的是暗紅色。在摩洛哥紅甜椒作爲醃漬用。在土耳其，主要用於湯、蔬菜和肉類烹飪調味，尤其是用以烹調牲畜內臟料理。在印度菜餚烹飪中當天然食用色素使用。

茴香（Dill）

參見p.14。

肉桂（Cinnamon）

參見p.14。

小茴香（Cumin ）

參見p.14。

西餐常見的蔬果

茴香頭（Fennel）

當作香料使用。一種食用圓型球莖的蔬菜。結實、白色帶著新鮮葉柄爲佳。適合生吃、汆燙、燉煮或嫩炒，是一種和富有奶質的豆類、兔肉、豬肉、羔羊和海鮮一起煮十分搭配的食材。

朝鮮薊（Artichoke）

歐洲等地的高級蔬菜，球狀朝鮮薊可分花蕾底部和花蕾心部兩部分，可製成罐頭使用。烹調新鮮的朝鮮薊時，可加入檸檬汁或醋防止氧化變色。烹調用途適合做焗烤、沙拉、配菜等使用。

蘆筍（Asparagus）

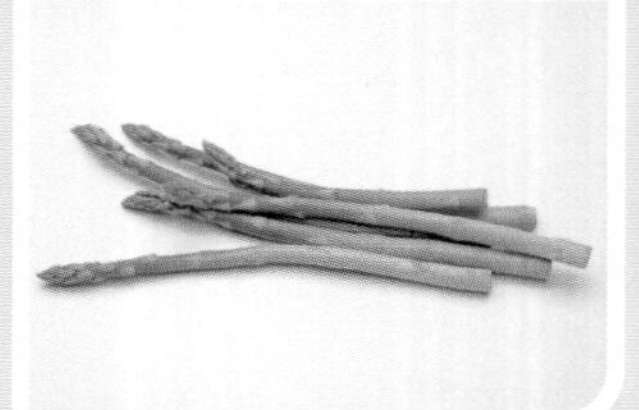

種類眾多，有綠色及白色兩種。綠色蘆筍鮮甜爽口，白色蘆筍微苦甘甜，兩者有不同感受。烹調用途：適合沙拉、湯品、配菜以及其他菜餚。

西洋芹（Celery）

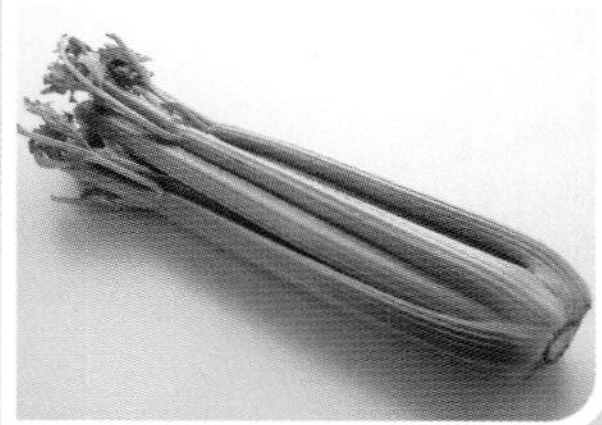

芹菜有許多品種，例如台灣芹菜、西洋芹等。烹調用途：沙拉、高湯製作使用的調味蔬菜、湯品等。

洋蔥（Onion）

屬於蔥科家族蔬菜，具有特殊風味及氣味。烹調用途：調味蔬菜、沙拉、湯品、沙司等。

洋芋（Potato）

全世界都有栽種。洋芋品種很多，煎、煮、炒、炸、焗烤、烤，烹調方法多樣化。適合做沙拉、湯品、配菜等。

蒜頭（Garlic）

參見p.11。

紅蘿蔔（Carrot）

種類有小紅蘿蔔（Baby Carrot）、紅蘿蔔，夏天採收的味道較溫和、較甜。烹調用途：調味蔬菜、鮮果汁、沙拉、湯品、沙司、蛋糕等。

甜菜頭（Beetroot）

產於地中海一帶的國家，可製成罐頭保存。烹調用途：泡菜、羅宋湯材料之一、沙拉、沙司及配菜。

秋葵（Okra）

又稱角豆，美國菜餚中經常使用，如秋葵湯（Gumbo）、肯郡式料理（Cajun Food，路易斯安那州的食物），可做配菜、湯品等。

豌豆（Pea）

去莢後稱青豆仁，可冷凍保存。烹調用途：適合豌豆泥漿湯、沙拉、配菜烹調。

甜豌豆（Snow Pea）

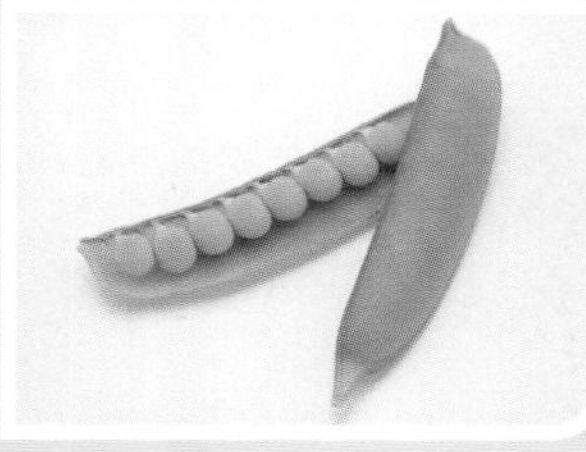

又稱Mangetout，台灣俗稱荷蘭豆。烹調用途：適合沙拉、配菜。

四季豆（French Bean）

品種多，法國四季豆細嫩短小，去頭、尾、豆莢邊筋，煮後細嫩爽口。適合做沙拉，例如尼斯沙拉（Nicoise Salad）、配菜、湯品用。而台灣的四季豆又稱敏豆，體型較粗大。

番茄（Tomato）

品種多，如櫻桃小番茄（Cherry Tomato）、黃色小番茄（Yellow Tomato）、紅番茄（Round Tomato）等多種。烹調用途：如製作番茄汁、番茄醬（Ketchup）、番茄糊（Tomato Paste）、番茄沙司、湯品、風乾番茄，爲義大利菜餚不可或缺之材料。

酪梨（Avocado）

是墨西哥菜酪梨沾醬（Guacamole）的主要材料，烹調用途：適合沙拉、開味前菜、沙拉醬等。

茄子（Egg Plant）

品種眾多，體型、顏色由白至深亦不相同。如燈泡圓茄、台灣茄、迷你茄子等。為燴蔬菜（Ratatouille）、希臘千層肉醬茄子派（Moussaka）主要材料之一，烹調用途：適合炭烤蔬菜、配菜。

義式節瓜（Zucchini）

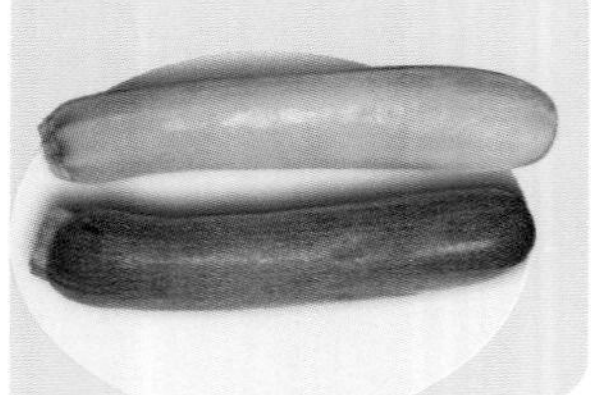

節瓜有黃、綠兩種，為燴蔬菜主要材料之一，適合炭烤，小節瓜花可沾麵糊油炸。烹調用途：製作湯品、沙拉、配菜等。

南瓜（Pumpkin）

種類眾多，是萬聖節應景食材之一。烹調用途：適合做南瓜派、焗烤、湯品、沾麵糊油炸等。

甜椒（Bell pepper）

又稱為Capsicum，種類眾多，常見有紅、黃、綠三種甜椒，亦是燴蔬菜主要材料之一。烹調用途：製作沙司、沙拉、配菜等，烤後去皮與乳酪具有搭配性。

高麗菜（Cabbage）

比較常見有紫高麗菜（Red Cabbage）、高麗菜、皺褶高麗菜（Savoy Cabbage）等三種，高麗菜可製作成酸菜（Sauerkraut），搭配德國豬腳或煙燻肉品，亦可製作成清涼爽口的高麗菜絲沙拉（Coleslaw）。而紫高麗菜常與醋結合製成搭配野味之菜餚。皺褶高麗菜（Savoy Cabbage）常製作成高麗菜卷，包裹塡塞物。

白花菜（Cauliflower）

傳統做法有焗烤白花菜（Dubarry）、白花菜奶油濃湯（Créme Dubbarry），適合製作前菜、沙拉、配菜、湯品的烹調。

青花菜（Broccoli）

跟白花菜型體相似，顏色不同。屬於十字科蔬菜，抗氧化。適合製作前菜、沙拉、配菜、湯品的烹調。

玉米（Sweet Corn）

品種眾多，有玉米筍（Baby Corn）、紫玉米、黃玉米等。在美國料理經常出現。可與其他蔬菜燴煮，玉米磨成粉（Polenta），可與高湯拌煮成泥糊或玉米糕狀，為義大利菜餚不可或缺之材料。烹飪用途：適合製作前菜、沙拉、配菜、湯品的烹調。

蘋果（Apple）

品種眾多，諾曼地菜餚中常使用。烹飪用途：適合製作沙拉、果汁、配菜、冰品、甜點、冷湯或湯品的烹調。

柑橘類（Citrus Fruits）

香橙、檸檬、葡萄柚、金桔……等。有特殊的果香，含有豐富的維他命C，原色皮稱“Zest”，與野味、海鮮類有搭配性。烹飪用途：適合製作沙拉、果汁、配菜、冰品、甜點等。

蜜香瓜（Honey Dew Melon）

品種眾多，含有豐富的維他命C，甜美多汁。烹飪用途：適合製作沙拉、果汁、冷湯、冰品、甜點等。

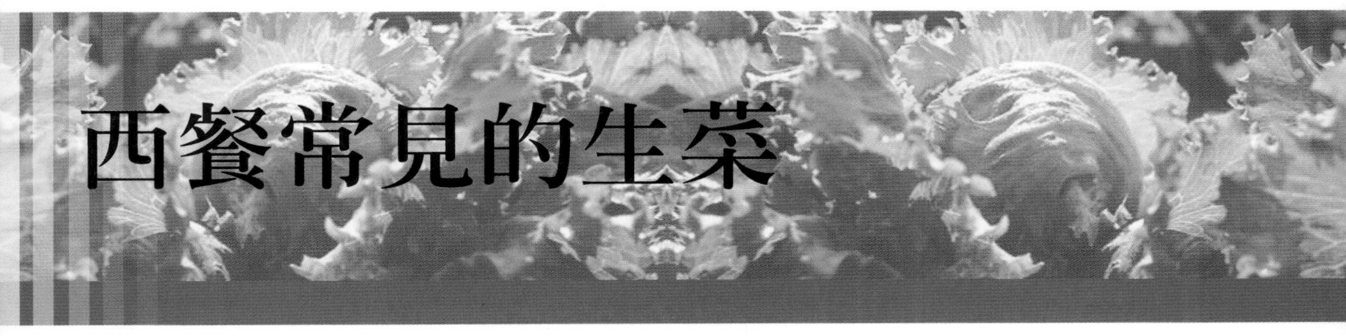

西餐常見的生菜

如何保持好吃的生菜

維持「生菜洗淨、生菜冰冷、生菜清脆」三項標準要素，基本上即可做出好吃的生菜。在法國家庭中，常見混合的生菜盛在盤中，加上油、醋和鹽、胡椒調味，十分簡單快速又好吃。

沙拉種類

生菜是低卡高纖的蔬菜，常見組合方式可細分爲以下三種：

1. 生菜沙拉（**Green Salad**）：以一種或多種生菜、蔬菜調製而成，搭配醬汁食用。
2. 配菜沙拉（**Side Salad**）：考慮營養平衡，搭配主菜食用。
3. 混合式沙拉（**Composed Salad**）：以單點分量食用。如提供給食量少又想兼顧健康的人享用，通常以海鮮、肉類、乳酪等混合式沙拉供應，等於一份主菜。

能做沙拉的材料相當多，以下爲西餐常見的生菜：

比利時生菜（Endive）

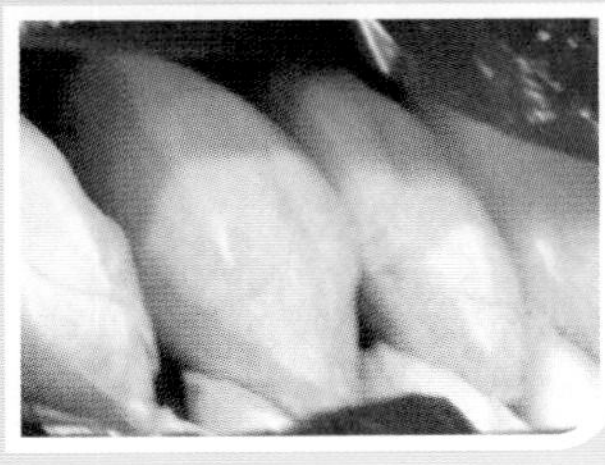

產地在歐洲、美洲一帶，形狀像小包心菜，有紅、黃兩種，微帶苦味。烹調用途：沙拉、燜煮、油炸等。

義大利紫菊苣（Radicchio）

又稱紅球生菜，常用於沙拉、燜煮做配菜用。

水田芥（Water Cress）

又稱西洋菜，微嗆帶有胡椒的味道，常用於沙拉、配菜。

蘿蔓生菜（Romaine）

又稱爲Cos Lettuce，是萵苣的一種，淡綠色，清脆多汁，爲傳統的凱薩沙拉（Caesar Salad）重要材料之一。

結球萵苣（Iceburg Lettuce）

又稱美生菜，淡綠色的脆葉萵苣，清脆多汁，味道溫和自然。常用於沙拉、嫩炒做配菜用。

羅拉羅莎生菜（Lolla Rosa）

又稱爲紅邊生菜，清脆多汁、味道柔和，多用於生菜沙拉。

綠捲心生菜（Frisee）

又稱苦苣，清脆，味道微苦，適合做沙拉用。

菠菜（Spinach）

常用於沙拉，或嫩炒當配菜。西式料理中常當染色用，以及增加風味、口感，如製作綠色麵糰或慕斯等。其爲義大利佛羅倫斯菜餚中主要成分之一。

節瓜（Zucchini）

體型大小介於大黃瓜及小黃瓜之間，顏色則有深綠與鮮黃兩種。風味口感介於大黃瓜及扁蒲之間，脆爽甘美、質地細嫩。適合切片涼拌、碎丁熬湯、挖空蒸烤。

常見的西餐沙拉調味醬汁

製作好吃的調味醬汁不外乎是油、醋、胡椒等食材之調配。沙拉醬汁做得好，才能製作美味成功的沙拉。

油的種類相當多，如沙拉油、橄欖油、核桃油、葡萄籽油等。現代人重視健康取向，所以大多使用含不飽和脂肪酸的橄欖油來製作。

醋有釀造醋和合成醋兩種。以釀造醋用途較廣，如葡萄釀造的酒醋、蘋果釀造的蘋果醋等。

製作生菜沙拉應注意事項

1. 不用金屬製的器皿，盡量用玻璃或陶製的器皿。
2. 保持生菜的溫度。
3. 注意沙拉呈現的美感。

西餐常見的菇類及特殊食材

蘑菇（Button Mushrooms）

因外型長得像鈕扣，又稱鈕扣洋菇，經烹調後有特殊香氣，爲西餐常用之菇類之一。經常使用在前菜、沙拉、湯品、沙司、配菜及蛋類料理中。

香菇（Shitake Mushroom ）

亞洲菜經常使用的菇類，烹飪方法跟蘑菇雷同。

草菇（Straw Mushroom ）

常出現在亞洲菜中，如泰式酸辣湯、中式料理等。有罐裝和新鮮兩種。

黃菌（Chanterelle Mushroom）

屬於昂貴食材，又稱鬱金香菇，在歐美烹飪中非常受歡迎。含有特殊的水果香氣，烹飪用途：燜飯（Risotto）、沙司、高湯或湯品。

牛肝菌（Porcini Mushroom）

屬於昂貴食材，在西餐料理中非常受歡迎，特別是法國、義大利。烹飪用途：燜飯、沙司、高湯或湯品。

羊肚菌（Morel Mushroom ）

又稱燈籠菇，屬於昂貴食材。有褐色海綿狀菌帽。烹飪用途：燜飯、沙司、高湯或湯品。

松露（Truffle ）

有黑松露及白松露兩種。具有強烈的香氣，屬於昂貴食材。有新鮮及罐裝兩種，烹飪用途：燜飯、沙司、高湯或湯品。跟蛋料理極爲搭配。爲法國菜中三寶之一。

鵝鴨肝（Foie gras）

屬於昂貴食材。爲法國菜中三寶之一，因鴨、鵝可以被過分餵飼，而得出肥大的肝臟。常與水果、麵包或酸甜洋蔥醬搭配著吃。

魚子醬（Caviar）

取鱘魚之卵，小顆卵稱爲Sevruga Caviar，口感軟綿。鱘魚中型顆粒卵稱爲Oscietre Caviar，口感柔軟。鱘魚大型顆粒卵稱爲Beluga Caviar，口感滑嫩。爲法國菜中三寶之一，屬於昂貴食材。帶點酸味，常與麵包及不甜的香檳搭配食用。跟蛋料理極爲搭配。

西餐常見的義大利麵

義大利麵條種類眾多，約幾百種。如用墨魚汁液、蔬菜水果製成麵條，搭配多變的醬汁，可稱變化萬千的麵食料理。

以下將介紹常見的義大利麵。

義大利麵（Spaghetti ）

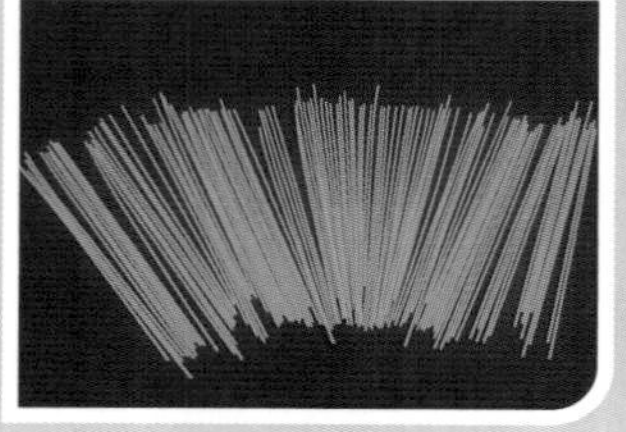

形狀是圓形細長的麵條。適合清炒或搭配紅醬、青醬等多種料理手法。

天使髮麵（Angel Hair）

形狀如細長髮絲，適合清炒或清淡一點的調味，可製作沙拉 。

鉛筆麵（Penne）

形狀如鉛筆中空，適合清炒、搭配醬汁或製作沙拉。

螺旋麵（Fusilli）

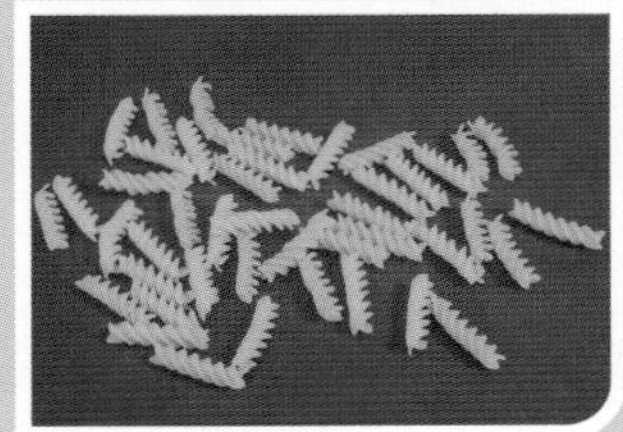

形狀如螺旋實心，適合清炒、搭配醬汁或製作沙拉。

車輪麵（Rotelle）

形狀如車輪，適合清炒、搭配醬汁或製作沙拉。

貝殼麵（Concheiglie rigati）

形狀如貝殼中空，適合填塞食材或製作沙拉。

水管麵（Cannelloni）

形狀如水管中空，適合填塞食材加以料理。

蝴蝶結麵（Farfalloni ）

如打結的蝴蝶狀，適合清炒、搭配醬汁或製作沙拉。

義大利寬麵（Pappardelle）

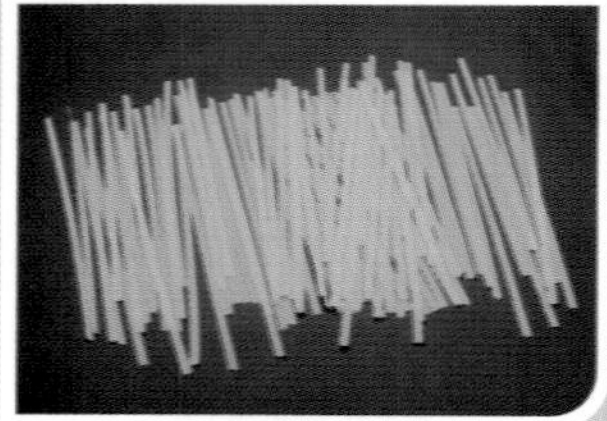

形狀如細長寬型麵，適合清炒、搭配醬汁食用。

義大利扁平細麵（Linguine ）

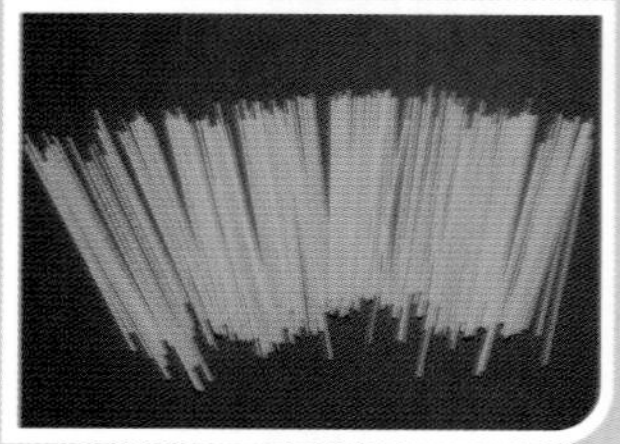

形狀如細長細寬型麵，適合清炒、搭配醬汁食用。

義大利餛飩（Tortellini）

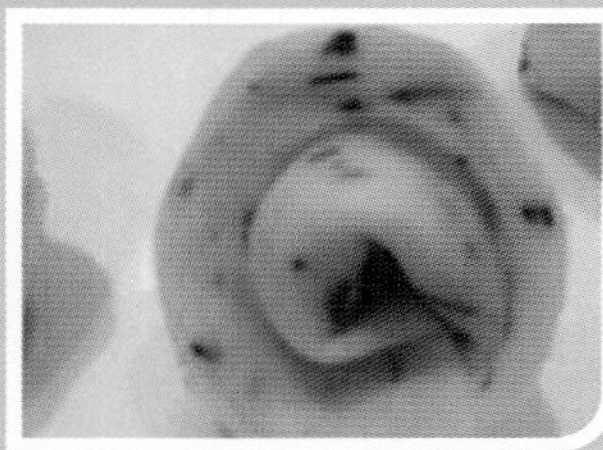

與義大利水餃麵類似，但是用一張麵皮包著餡料，形狀如餛飩，適合搭配醬汁或湯品食用，是一種傳統的義大利麵食。

義大利水餃麵（Ravioli ）

以兩張麵皮包著餡料，形狀如圓形、方形餃子，適合搭配醬汁食用。

千層麵（Lasagne）

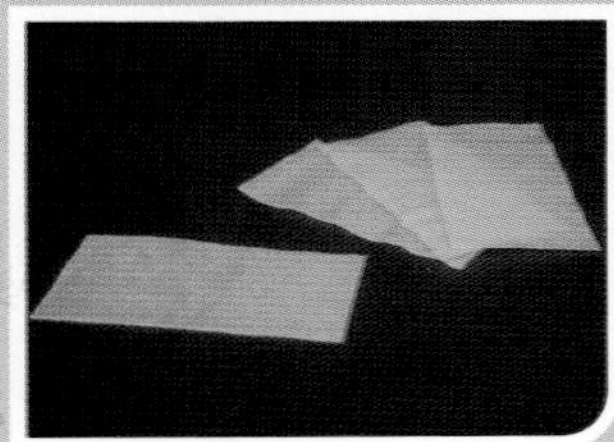

形狀如長方形麵皮，是一種傳統的義大利麵食，搭配肉醬、白醬、乳酪、醬汁食用。

西餐常見的海鮮

西式海鮮種類眾多，可分爲甲殼類、魚類，以下介紹較常使用之海鮮。

甲殼類（Shell Fish）

生蠔（Oyster）

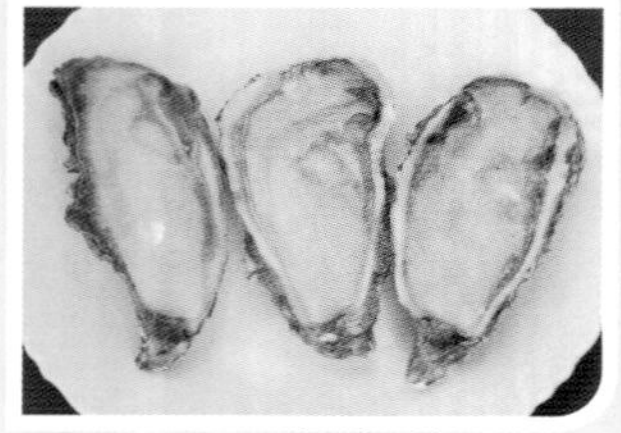

生蠔具有堅硬的石灰質成分外殼，含有豐富的蛋白質、礦物質，有「海中牛奶」之稱。生蠔種類眾多，如加拿大生蠔、紐西蘭生蠔、法國貝隆生蠔……等。常與香檳或白葡萄酒搭配飲用。烹飪用途：搭配紅酒醋及檸檬生食或焗烤等方式。

文蛤（Clam）

肉質鮮美，適合煮湯、燴煮等方式。

蟹（Crab）

種類眾多，如阿拉斯加巨蟹、軟殼蟹、花蟹等。烹飪用途：適合湯品、主菜、前菜、沙拉等製作。

干貝（Scallop）

色澤淺白，肉質鮮美，適合前菜、沙拉，烹飪用途：煎、煮、炒等方式。

明蝦（Prawn）

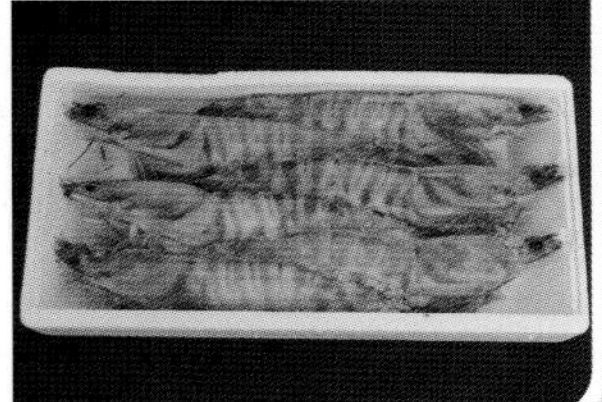

白色肉質，口感細緻，味道甜美，烹飪方式可採煎、煮、炒、烤、焗烤等方式。烹飪用途：適合湯品、前菜、沙拉、主菜。

龍蝦（Lobster）

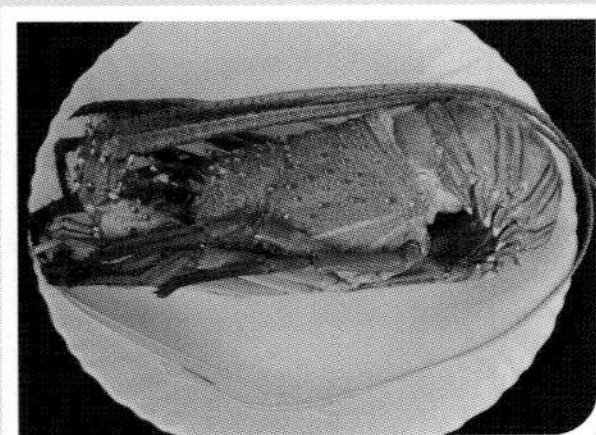

種類眾多，白色肉質，口感紮實，味道甜美，烹飪方式可採煎、煮、炒、烤、焗烤等方式。烹飪用途：適合湯品、前菜、沙拉、主菜。

魚類（Fish）：常用深海魚類

鮭魚（Salmon）

種類眾多，分爲大西洋、太平洋種，亦有加拿大的鮭鱒等之分。肉質呈粉紅色，含豐富DHA。烹飪用途：適合前菜、沙拉、主菜。烹飪方式可採生食、煙燻、煎、水煮、烤、焗烤等方式。

鮪魚（Tuna）

肉質呈深紅色，深受日本人喜愛，適合前菜、沙拉、主菜，烹飪方式有生食、煙燻、煎、烤等。

鰈魚（Sole）

比目魚的一種，肉質呈白色，口感細緻，適合前菜、主菜，烹飪方式有煎、水煮、蒸、烤、焗烤等。

鱈魚（Cod）

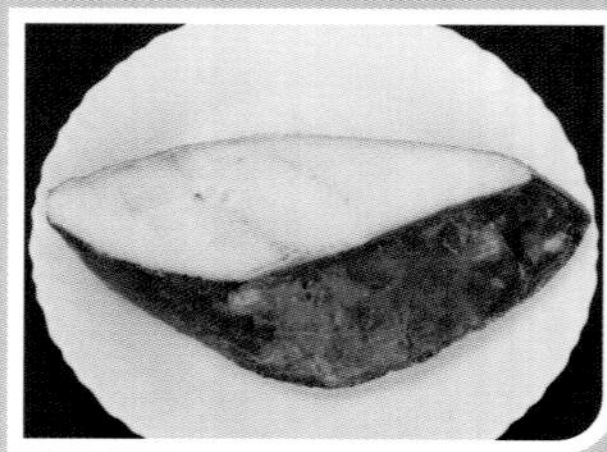

種類眾多，肉質呈白色，口感紮實細緻，適合用於前菜、主菜，烹飪方式有煙燻、煎、蒸、烤、焗烤等。

海鱸魚（Sea bass）

肉質呈白色，口感細緻，適合主菜，烹飪方式有煎、蒸、烤等方式。

石斑魚（Grouper）

種類眾多，肉質呈白色，口感紮實，烹飪方式有煎、蒸、烤等方式。

西餐常見的乳酪

乳酪在西式主菜後、甜點前食用，是西式料理中不可或缺的食材。在法國或其他歐洲國家中生產許多不同種類、風味的乳酪。

乳酪是將原料乳加入凝乳酵素、乳酸菌或黴菌處理，乳蛋白質形成凝乳塊，切割、壓擠出水分，形成乳酪。在不同溫度、濕度放置熟成。

乳酪種類眾多，大致上可分爲以下四類。

新鮮乳酪或軟質乳酪

如Cottage Cheese、Cream Cheese、Ricotta Cheese、Briecheese、Mozzarella Cheese、Camembert……等。烹飪用途：開胃菜、沙拉、麵食、披薩、餅乾、甜點等。

半硬質乳酪

如Emmental Cheese、Cheddar Cheese、Edam Cheese……等。烹飪用途：開胃菜、漢堡、沙拉、起司火鍋、餅乾、甜點等。

硬質乳酪

如帕瑪森起司（Parmesan Cheese）……等。烹飪用途：開胃菜、沙拉、麵食、披薩、湯品等。

藍紋乳酪

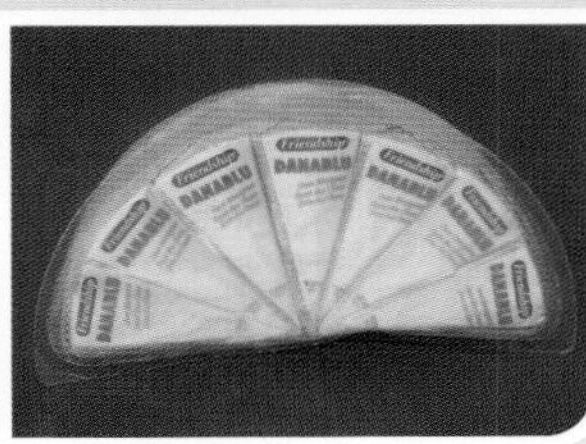

以青黴菌熟成，如Blue Cheese、Roquefort Cheese、Gorgonzola Cheese……等。烹飪用途：開胃菜、沙拉、甜點等。

西餐常見的肉品

肉品概述

肉類：經由飼養的牛、羊、豬、家禽及野味等取得的肌肉組織。成分爲水、蛋白質、脂肪、碳水化合物等。

動物經宰殺後，肉質變得僵硬，這時候稱Green Meat，過二至三天後，肉質受酵素作用變鬆弛（軟），稱之熟成（經由紫外線照射可加速熟成）。熟成（Aging）是提升牛肉嫩度（Tenderness）、風味（Flavor）、含汁性（Juicy）的連續性過程。

肉類品質等級分爲：頂極（Prime）、特選（Choice）、優良（Good）、普通（Standard）。

肉類品質的等級依據：
1. 肉類組織、結構。
2. 肉類顏色。
3. 血紅素、肌紅素。
4. 大理石條紋（Marbling Fat）。

肉類宰殺過程中必須符合國家衛生病菌感染保證，通過認證才吃得安心。以下介紹常用之肉品。

肉品介紹

下述以最常見的牛、羊、豬等肌肉組織，結合西餐烹調法加以介紹。

常使用之牛肉部位

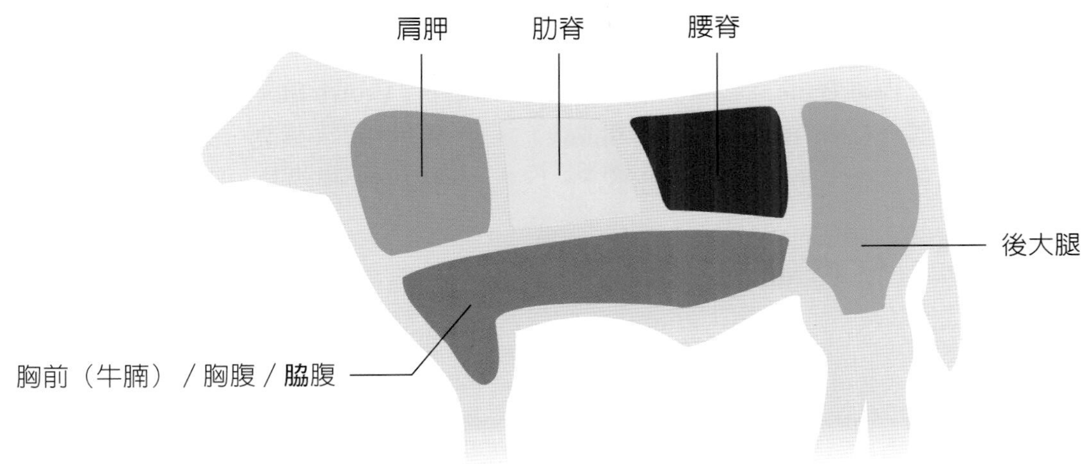

1. 牛舌（**Beef Tongue**）：較常用燴、煮、煙燻等方法，適合做前菜、沙拉、主菜等方式。
2. 牛肩胛肉（**Beef Chuck**）：肉質纖維質粗，結締組織高，需要長時間烹調。適合燜煮、燉煮等方式。
3. 牛肋背肉（**Beef Rib**）：運動量較少，結締組織低，肉質柔軟。大理石條紋分布較多。較常見的料理有：肋眼牛排（Rib Eye）——位於牛肋背肉前半部，肉質柔軟，帶少許脂肪，口感鮮嫩多汁，適合碳烤。沙朗牛排（Striploin）——位於牛肋背肉，肉質柔軟，帶少許嫩筋及脂肪，口感鮮嫩多汁有嚼勁，適合碳烤。
4. 牛腰背肉（**Beef Loin**）：牛肉中肉質最軟、多汁、口感佳、色澤鮮紅、少油脂。其中以一般俗稱的菲力（Beef Tenderloin）最爲昂貴，適合煎、炭烤等。另一種切法爲丁骨牛排（T-Bone Beef），口感獨特，因爲由菲力和沙朗肉排所組合而成，所以呈現獨特兩種截然不同口感，深受顧客喜愛。
5. 牛臀肉（**Beef Round**）：運動量高，結締組織高，肉質相當硬，適合長時間燉煮。
6. 牛腹肉（**Beef Plate**）：俗稱五花肉或牛腩肉，適合製作中式牛肉麵、牛絞肉之製品，如肉餅、香腸等。英國人喜愛上火燒烤牛排（Broil Steak），肉是牛腹肉排（Flank），因結締組織多，烹調至一分熟（Rare），逆紋切薄片食用。

7. 牛小肋排（**Beef Short Ribs**）：在牛腹肉中帶骨切法，適合先醃漬後燒烤，如燒烤牛肋排（Barbecue Beef Spare Rib）。
8. 牛腱（**Beef Shank**）：含膠質多、帶筋、嚼感十足，適宜紅燒、燉、滷、中式牛肉麵或切冷盤薄片。
9. 牛骨（**Beef Bone**）：製作牛高湯、褐色高湯（Brown Stock）。
10. 小牛膝（**Osso Buco or Veal Shank**）：小牛用牛母乳餵食，以穀物加牛奶餵食三個月後宰殺，取小牛腿腱肉部分。以義大利燜小牛膝聞名。

常使用之豬肉部位

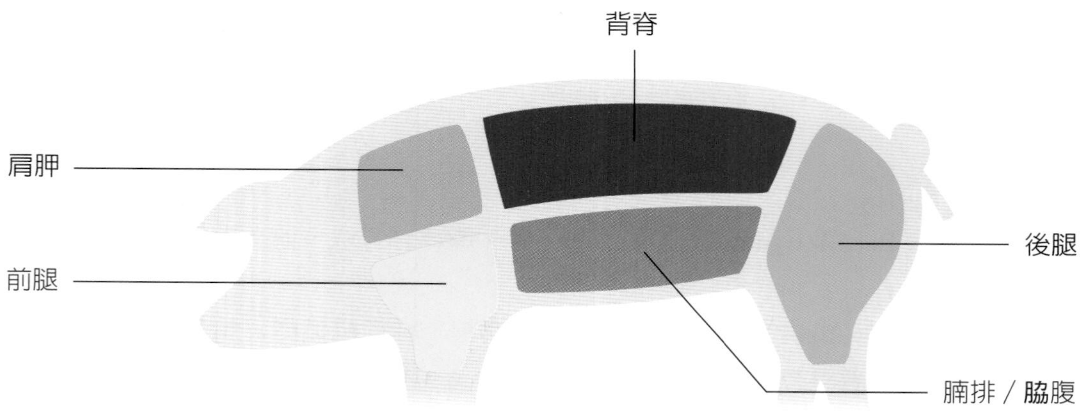

1. 豬背脊肉、豬大里肌（**Pork Loin**）：肉質柔韌，適合做豬排使用。可採煎、煮、炒多種做法。
2. 豬帶骨大里肌（**Pork Chop**）：肉質柔韌，帶肋骨，適合做豬排使用。
3. 豬小里肌（**Pork Tenderloin**）：肉質更加柔韌，適合做豬排使用。可採煎、煮、炒多種做法。
4. 豬前腿蹄膀（**Pork Shoulder Hocksc**）、豬腳：肉質肥美，帶肉帶油，膠質多，嚼感十足。適合燉煮，常用於製作德國豬腳料理。
5. 豬肋排（**Pork Spare Rib**）：在豬腹肉中帶骨切法，適合先醃漬後燒烤，如燒烤豬肋排（Barbecue Pork Spare Rib）。

常使用之羊肉部位

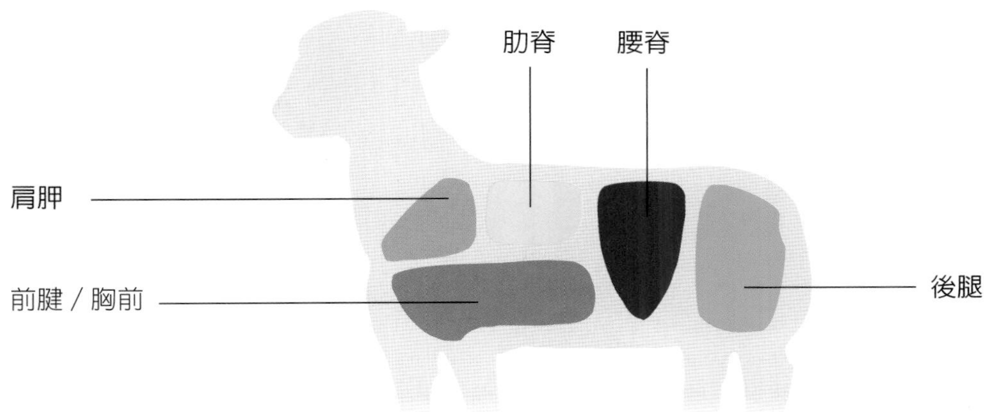

1. 羊里肌（**Lamb Loin**）：肉質柔韌，有少許油花，適合做羊排使用。可採煎、煮、炒、烤多種做法。
2. 羊肋脊肉排（**Lamb Cutlet**）：法式切割帶骨小羊排，肉質柔韌，適合碳烤。
3. 羊腿（**Lamb Leg** ）：瘦肉帶有少許油花、結締組織，需先醃漬，適合燒烤。

西餐烹調必備的

調理器具與設備

西餐烹調器具（Kitchen Utensils）

器具	名稱	說明
	主廚刀（Chef Knife）	切肉、蔬菜之刀子，約26公分左右，不鏽鋼材質。
	麵包刀（Saw Knife）	鋸齒狀，為切麵包的刀子。
	鮭魚刀（Salmon Knife）	專門切鮭魚、生魚的刀子。
	去骨刀（Boning Knife）	肉類去除骨頭專用刀，如羊腿去骨。
	小彎刀（Tourne knife）	專為蔬菜雕刻成橄欖形狀的刀子。
	剁骨刀（Cleaver）	專為剁骨用的刀子。
	削皮刀（Peller）	為蔬果去皮用之削皮器。
	生蠔刀（Oyster knife）	取生蠔肉之專用小刀。

器具	名稱	說明
	烤肉叉（Chef Fork）	可用尖銳兩端按住食材，做桌邊服務或爐烤肉類用的肉叉。
	磨刀棒（Sharpening Steels）	增加刀子銳利所使用之器具。
	挖球器（Ball Mould）	可將食材挖成球狀之器具，大小形狀多。
	肉槌（Meat Tender）	將肉纖維質拍斷，使肉質軟化的一種工具。
	開罐器（Can Opener）	開啟罐頭使用之器具。
	橡皮刮刀（Plastic Spatula）	烘焙、甜點使用較多。
	打蛋器（Whisk）	打醬汁、拌合食材等時使用。
	擠花袋（Pipping Bag）	烘焙、甜點使用較多。
	擠花嘴（Pipping Tube）	烘焙、甜點使用較多。

器具	名稱	說明
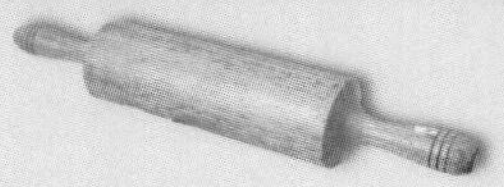	擀麵棍（Rouleau）	做烘焙、甜點時常用。
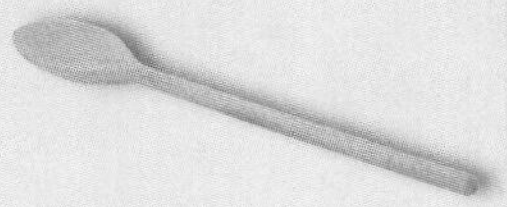	木匙（Wooden spoon）	烹煮必備器具。
	鋼盆（Mixing bowl）	不鏽鋼材質，打沙司、拌沙拉等時常用，具有多功能用途。
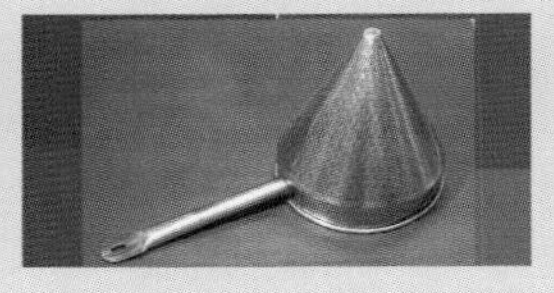	過濾器（Strainer）	圓錐形附有掛勾，有粗、細兩種。
	篩網（Flour Sievier）	可過篩麵粉等粉類或絞碎的魚肉或肉類製成慕斯。
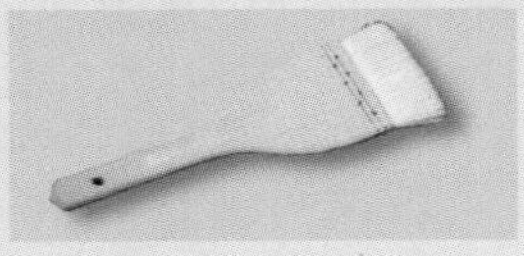	刷子（Brush）	種類多，甜點方面使用較多。
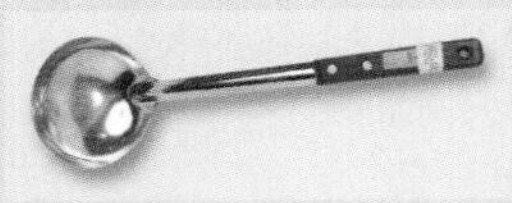	湯杓（Soup Ladle）	種類多，舀湯用。
	湯鍋（Soup Pot）	煮高湯或湯品用，以不鏽鋼材質鍋子為佳。
	沙司鍋（Sauce Pan）	做沙司用，以不鏽鋼材質鍋子為佳。

器具	名稱	說明
	平底鍋（Fring Pan）	種類多，有不鏽鋼、不沾材質平底鍋等。具有嫩炒、煎等功能。
	烤盤（Baked Tray）	做為烘焙、爐烤、焗烤等之用，種類多為不鏽鋼、不沾材質烤盤等。

西餐烹調設備（Kitchen Equipments）

設備	名稱	說明
	瓦斯爐附烤箱（Gas Range with Oven）	附有烤箱的瓦斯爐具，方便烹飪程序可就近完成。
	平頭爐（Flat Top Range）	爐灶上附一層鋼鐵板，鋼板下的爐火可調整火力大小，適合製作沙司、高湯、保溫等用途。
	炭烤爐（Charcoal Griller）	主要功能是將各式肉類（如牛、羊、雞排、海鮮）及蔬菜（如瓜類或彩椒）以炭烤方式烹煮。
	明火烤箱（Salamander）	採壁掛式設計，可依需求調整上半部電熱設備的高度。
	煎板（Griddle）	除了傳統光滑平板的煎板之外，也有菱紋表面的煎板，讓煎過的食物有類似炭烤的視覺效果。
	冰淇淋機（Ice Cream Cabinet）	將冰淇淋原液倒入製冰桶中，使之攪拌至濃稠，即可製成冰淇淋。

設　備	名　稱	說　明
	切片機（Slice Machine）	機器上有固定式圓形刀片、導板和拉桿，可切下厚度一致的肉片。
	萬能蒸烤箱（Combi Oven）	烹調方式可以是濕熱方式的蒸烤、蒸煮，乾熱方式的烘烤或低溫烘焙或蒸煮。
	油炸機器（Deep Fat Fryer）	可選擇以瓦斯或電力為熱源，尺寸容量也非常多樣化。
	攪拌機（Kitchen Mixer）	可輕易地將各式食材打成極碎，甚至泥狀。
	冷藏冰箱（Refrigerator）	溫度設定在5℃至-5℃之間。
	冷凍冰箱（Freezer）	溫度設定在-5℃以下。
	走入式冰箱（Walk-In Refrigerator）	可依廚房規劃的位置及現場空間大小建構。
	均質機（Heavy Duty Blender）	用以將食材磨碎、混合、分散和乳化。
	果汁機（Blender）	可將任何蔬果打成汁，多功能果汁機也可製作冰沙和碎冰。
	食物調理機（Food Processor）	能將食物切成絲狀、泥狀、片狀或丁狀。

西餐烹調常見的切割方法

基本刀工介紹（Basic cuts and shapes）

圖 示	名 稱	說 明
	小小丁（Brunoise）	將食材切成0.3cm的正方體。
	小丁（Dice）	將食材切成1cm的正方體。
	絲（ Julienne）	將食材切成厚0.1-0.2cm、5cm長的形狀。
	片（Slice）	將食材切成0.2-0.3cm厚度的形狀。
	正方片（Paysanne）	將食材切成1cm-1.2cm的正方片。
	細枝（Batonnet; Stick）	將食材切成0.3cm的正方形切面、長5cm的形狀。
	末（Mince）	將食材切碎末，如蒜頭。
	洋芋橄欖（Tourneing potato）	將洋芋切成長約5-6cm，7個面，兩頭不能太尖。
	洋芋球（Parisienne potato）	用挖球器將洋芋挖成球狀。

蔬菜切割方法介紹

圖示	名稱	說明
	洋蔥碎（Onion chopped）	洋蔥切對半，順刀而下切成細絲狀，洋蔥蒂頭不切斷，再橫切成碎狀。蔬菜切碎最忌切到出水，會破壞營養及口味。
	洋芋橄欖（Tourneing potato）	1. 洋芋去皮後，切成6公分長，一開四或一開六，以洋芋大小而定。 2. 用左手大拇指及中指握住洋芋兩側，食指按住洋芋上方。右手持鳥嘴刀，右手大拇指頂住洋芋底部，由上而下切成弧狀，切成7面橄欖形狀之洋芋。
	蘑菇花（Cutting mushroom）	1. 左手握住蘑菇，用小刀由上而下順時鐘方向切成一條淺的痕跡，直到整個蘑菇面完成。 2. 用小刀刀鋒面壓成三角狀成一面，再於其上壓出另一個三角狀，重複壓成一個「星狀」。

肉類切割方法介紹

家禽類去骨

1. 用刀在家禽大腿兩側劃一刀，從背部用手一拉，成爲雞胸和雞腿。

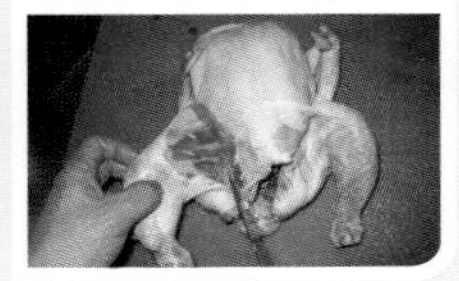 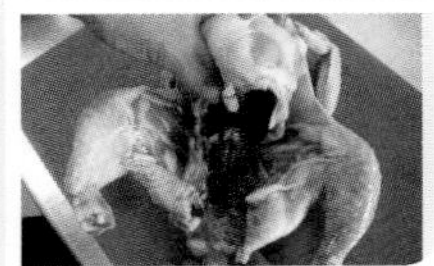 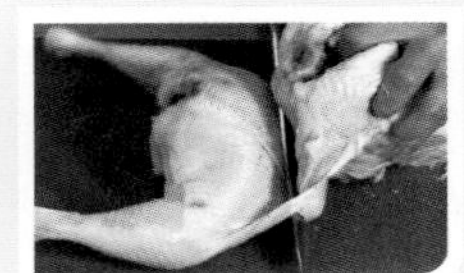 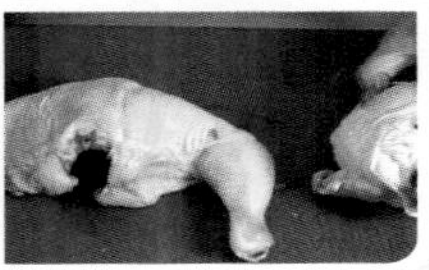

2. 雞胸去骨法

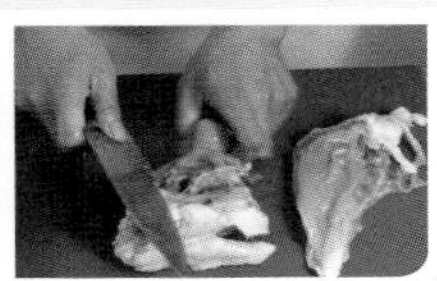

用刀由雞胸的三角骨劃下，再從關節處切割，取下雞胸肉。

3. 雞腿去骨法

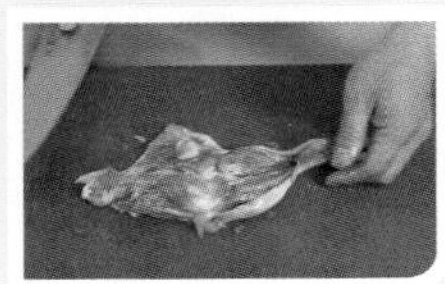

刀子沿著骨頭二側切割，以刀背敲斷骨頭尾部，將骨頭順勢拉起，再從關節處切割，與雞肉分離。

菲力切法（Filet Medallion）

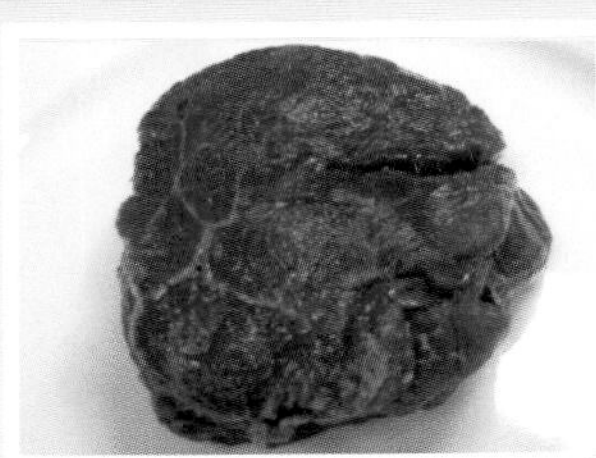

將肉切成或拍打成厚度較小之圓形狀肉排。

菲力切法（Filet Mignon）

將肉切成或拍打成寬大較薄之圓形狀肉排。

薄片切法（Escalope）

將肉類切成薄片。

（摘自Anne Willan, *Reader's Digest Complete Guide to Cookery*, 1989）

海鮮切割方法介紹

魚類去骨

1. 刮除魚鱗，切除魚頭和去除內臟，從魚的背鰭用刀的前端部分順勢切下。

2. 魚刀切到魚的中間骨頭時，魚刀稍微往上揚，順勢而下，切下魚腹腔之骨頭。

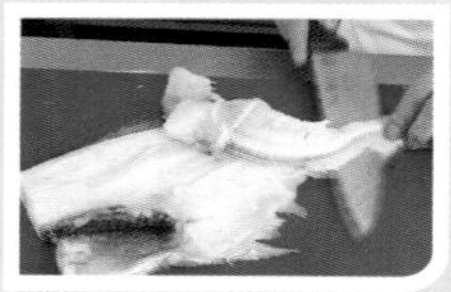

3. 將魚片取出，用魚刀切除魚腹腔之骨頭，並用夾子去除魚的暗刺。

魚菲力的變化

扇形（Fan）：如比目魚去骨後，菲力前端翻面對摺。

摺層（Fold）：魚菲力翻面對摺，可填入海鮮慕斯。

捲（Roll）：魚菲力捲起。

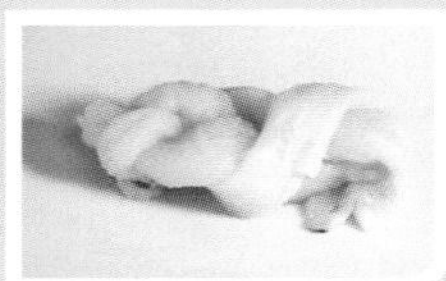

麻花辮（Braid）：以三片魚菲力編成麻花辮。

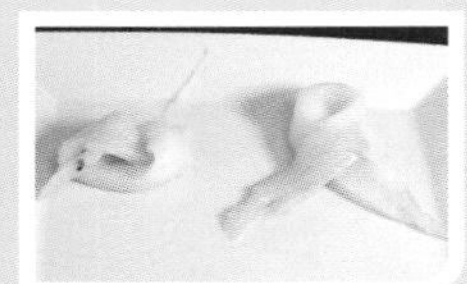

蝴蝶結（Knot）：魚菲力穿入另一面打個結。

薄片切法（Escalope）

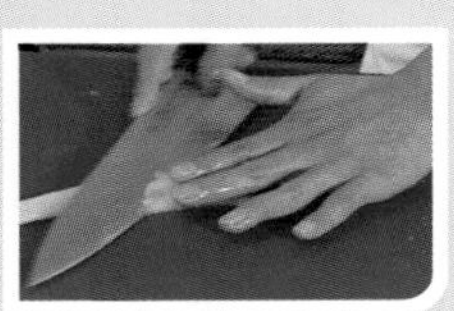

將魚肉斜切成薄片。

此法適合新鮮、肉質富有彈性之魚肉。

魚排切法

1. 魚菲力：去除魚鱗，可去除魚皮或不去除魚皮，去骨切成菲力形狀。

2. 魚排：去除魚鱗，帶骨切成有厚度的魚排。

（摘自Anne Willan, *Reader's Digest Complete Guide to Cookery*, 1989）

西餐基本烹調法

西餐基本烹調法

西餐基本烹調法（Western Cuisine Basic Cooking Method）：經由某種方法（烹煮或加熱）改變食物，如水煮、過水……等。

傳熱方式有三種：

1. 導熱（**Heat Conduct**）：例如金屬，從甲方 → 乙方。
2. 對流（**Convection**）：分爲自然原理及力學原理，例如：烤箱。
3. 輻射（**Radiation**）：經由Wave波傳送，例如：微波爐，利用水分子撞擊產生熱能。

濕氣熱度法（Moist-Heat Method）：利用水蒸氣熱度引導到食物裡。

煮（To Boil）：

又分爲以下兩種方式：

1. 在冷水中加熱到100°C沸點

   功能：打開毛細孔，讓血液流出。

   例如：(1) 煮高湯。

   (2) 讓水煮至沸騰點，降下溫度，小火慢煮易清澈，譬如：煮清澈湯Making Consommé。

2. 在熱水中

   功能：關閉毛細孔、稀釋鹽分作用，鎖住血液，但湯汁易混濁。

   例如：把食物放入大滾熱水中，這樣有攪拌作用，譬如：煮麵。

過水、過油（燙）（To Blanch）：

功能：保護顏色、不讓營養成分流失。

例如：燙地瓜、燙菠菜，有保護顏色的作用。

浸（托，低溫）（To Poach）：

食物在液體中經過加溫100°C到降至80°C浸熱。

例如：烤布丁、煮雞胸肉、調製荷蘭汁（Hollandaise sauce）或沙巴甕（Sabayon）隔水加熱打勻。食物屬於結締組織低、肉質鬆軟適用之。

蒸（To Steam）：

食物在蒸氣中，蒸氣帶有熱度產生對流，導熱作用發生變化。

有兩種方式：自然式及機械式。

食物選擇方面屬於堅硬、大型、細嫩型、需要長時間烹煮的。

例如：乾干貝、海鮮等。利用力學原理可減少烹煮時間，如鼓風扇。

燜（To Braise）：

整隻雞或肉塊事先煎烤上色，加上蔬菜，依料理種類再加上肉汁、醬汁、酒，不能超過食物的2/3或1/3左右，加蓋放在平口爐上，慢慢燜熟。

燴（To Stew）：

食物在不覆蓋的液體內達到文火煮熟，選擇食物屬於劣等、硬的、小件的結締組織高的肉類或根莖類。早期屬於淺色，後來演化爲深色。

上漬（To Glaze）：

必須以少許液體濃縮後將濃稠狀覆蓋食物上，增加光滑及外表美觀。

乾氣熱度法（Dry-Heat Method）：利用金屬熱度、熱油、輻射把熱度轉送到食物裡。

又分爲有使用油及沒有使用油兩種不同烹調方式。

碳烤（To Grill）：

碳烤爐分爲使用電或瓦斯兩種，輻射到鐵條產生熱能，以導熱的方式使食物煮熟。

所選擇食物屬於細嫩的肉，可以快速熟透。在碳烤之前，在鐵條上充分使用橄欖油或沙拉油，肉類、海鮮、蔬菜皆可碳烤。

烘（To Bake）：

在熱的空氣中將食物上色，利用對流方式，達到想要的結果。

所選擇食物像蛋糕、麵包、肉品、蔬菜、魚類。

爐烤（To Roast）：

剛開始用強火，再轉小火，不可用太小的肉。用於肉品，中等以上的肉較佳。

嫩煎（To Saute）：

在金屬容器內放少許油，加熱至高溫，將食物切成片狀快速翻轉。因蛋白質受熱凝固，肉表層收縮，不讓肉味道跑走。所選擇食物屬於肉質細嫩、小塊的肉。

焗烤（To Gratinate）：

事先將煮好或烤好約7分熟度食物，灑上麵包粉、荷蘭汁或乳酪，用明火烤箱或烤箱使食物表皮呈金黃色熟透。

炸（To Deep-Fry）：

食物浸（存入）油裡面，經適當的溫度使食物變熱。

作用：1. 溫度可控制，食物較清脆。

2. 溫度達到，較不易含油。

3. 不流失營養成分。

炙燒（To Poeler）：

食物抹油放入平底鍋裡，放在明火烤箱，烤成金黃色。烤好後的原物，保持多汁的狀態，所選擇食物屬於中等以上的肉，原物會自然流出汁液，這是一種不外加煮液，全靠食材本身和調味蔬菜所散發出來的水蒸氣在鍋中燜熟的烹飪方法。

微波（Micro Wave）：

利用波動原理，讓水分子撞擊達到烹調的效果（禁止使用金屬製品）。

作用：1. 使用方便。

2. 解凍（盡量使用此功能）。

3. 烹調。

4. 加溫。

前菜

牛肉蔬果沙拉

Beef Salad with Pickles, Tomatoes and Celery

份量：6份

材　料

材料	數量	單位
Beef 牛肉	240	公克
Dill pickles 酸黃瓜	30	公克
Tomato 番茄	1	個
Celery 西芹	1	株
Fresh herb vinaigrette 新鮮香料油醋汁	60	毫升
Salt and pepper 鹽、胡椒	適量	

材料	數量	單位
Fresh Herb Vinaigrette 新鮮香料油醋汁		
Red wine vinegar 紅酒醋	30	毫升
Dijon mustard 迪戎芥末醬	1	公克
Salt 鹽	0.5	公克
Black pepper 黑胡椒	0.5	公克
Olive oil 橄欖油	60	毫升
Chives minced 蝦夷蔥末	3	公克
Parsley minced 荷蘭芹末	3	公克
Garlic minced 蒜頭末	1	顆
Basil minced 蘿勒末	3	公克
Oregano minced 奧勒岡末	1	公克
Tarragon chopped 茵陳蒿碎	1	公克
Garnish 裝飾		
Sage 新鮮鼠尾草	1	枝
Onion ring 洋蔥圈	6	片
Hard-boiled egg 水煮蛋	1	個
Green olive 綠橄欖	15	公克

新鮮香料油醋汁作法

將油醋汁的前四項食材打勻，一邊攪拌，一邊加入橄欖油和所有切碎的新鮮香料，拌勻即可。

作　法

1 先將牛肉加鹽及胡椒調味，煎至表面上色。

2 再將牛肉放入烤箱，以180℃烤至適當熟度。將洋蔥切圈狀，水煮蛋一開六成舟狀。

3 將烤好的牛肉切大丁；酸黃瓜切條狀；番茄切成舟狀；西芹切成條狀。四種材料一起放入容器中拌勻。

4 加入新鮮香料油醋汁調味。

5 將洋蔥圈放置盤中，再將調味好的牛肉放入洋蔥圈內。

6 出菜前用切好的水煮蛋、綠橄欖（切對半）及鼠尾草裝飾，水煮蛋上可淋上些許油醋汁。

加州壽司卷

Californian Sushi Roll

份量：10份

材料

材料	數量	單位
Rice Japanese 月光米	60	公克
Seaweed nori 燒海苔	10	公克
Avocado 酪梨	100	公克
Tuna tin 鮪魚罐頭	80	公克
Raddish daikon pickled yellow 日式醃蘿蔔	50	公克
Wasabi powder 哇沙米粉	5	公克
Carrot 紅蘿蔔	50	公克
Black Sesame, Japanese 飯島香鬆	5	公克
Soy sauce, light 清醬油	50	毫升

材料	數量	單位
Sushi Vinegar 壽司醋		
White vinegar 白醋	65	毫升
Salt 鹽	5	公克
Sugar 細砂糖	50	公克
Dry plum 話梅	2	顆
Lemon 檸檬	1/4	粒

壽司醋作法

將白醋內加話梅、鹽、細砂糖，煮至融化（不可滾），放涼，加入檸檬浸泡，之後再將話梅及檸檬取出。

作法

1 將月光米煮熟（米與水的比例為1：1.1），加入米飯量約1/5的壽司醋拌勻。

2 將紅蘿蔔切條，用壽司醋蓋過紅蘿蔔，泡一日入味。

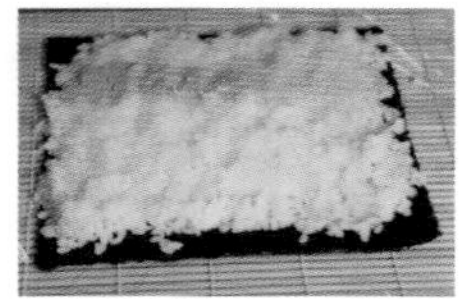

3 將壽司米攤開在海苔上，灑少許哇沙米粉調味。

4 將日式醃蘿蔔、酪梨切成長條狀，與紅蘿蔔一起放在壽司飯上。打開鮪魚罐頭，將鮪魚肉排成條狀置於蔬菜旁。

5 灑上飯島香鬆。

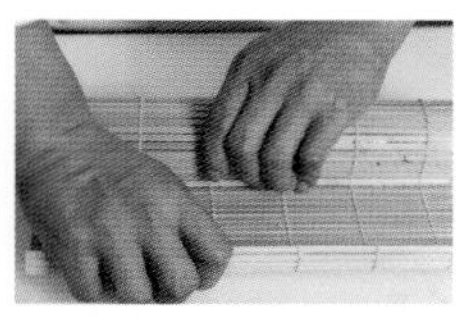
6 捲成圓筒狀，壓一下。

7 切片。

8 出菜時附哇沙米醬油（哇沙米粉加少許水調勻，再加入清醬油）。

※註：此道菜由日式壽司延伸而來，加入酪梨及鮪魚，為日式與西式食材合併之創意料理。

法式油封鴨腿

Duck Leg Confit

份量：4份

材料

材料	數量	單位
Duck leg 鴨腿	4	隻
Coarse salt 粗鹽	50	公克
Fresh thyme 新鮮百里香	5	公克
Parsley 荷蘭芹	5	公克
Garlic minced 大蒜末	2	顆
Duck fat or other oil 鴨油或其他油	1	公升
Red Wine Vinaigrette 紅酒油醋醬汁		
Olive oil 橄欖油	20	毫升
Red wine vinegar 紅酒醋	10	毫升
Salt and pepper 鹽、胡椒	適量	

材料	數量	單位
Lolla rosa 蘿拉羅沙生菜	15	公克
Lettuce leaf 廣東生菜	15	公克
Frisee 捲心生菜	15	公克
Raddichio 紅球生菜	15	公克
Endive 比利時生菜	15	公克
Onion ring 洋蔥圈	1/2	個
Cherry tomato 小番茄	4	顆

作法

1 在食物調理機中將粗鹽、大蒜、荷蘭芹和百里香一起打勻。

2 用打好的醬料擦抹鴨腿，並放入冰箱醃漬一夜。

3 用水沖洗淨鴨腿瀝乾後放入鍋中，用80°C的鴨油（或其他油）煮約2小時，油需覆蓋過鴨腿。將橄欖油、紅酒醋加少許鹽及胡椒一起拌勻，做成紅酒油醋醬汁。

4 將鴨腿取出，另用平底鍋將鴨腿表皮煎成酥脆狀。

5 將鴨腿切片擺盤，附上綜合生菜、洋蔥圈及小番茄，再淋上紅酒油醋醬汁即可。

法式焗田螺

Baked Bourgundy Snail with a Garlic and Parsley Butter

份量：4份

材料

材料	數量	單位
Bourgundy snail (can) 田螺（罐頭）	24	個
Onion chopped 洋蔥碎	30	公克
Garlic minced 蒜頭末	20	公克
White wine 白酒	100	毫升
Chicken stock 雞高湯	250	毫升
Salt and black pepper 鹽、黑胡椒	適量	
Snail shells 田螺殼	24	個
Snail butter 田螺奶油	320	公克
Coarse salt 粗鹽	160	公克
Mint leave 薄荷葉	8	片

材料	數量	單位
Snail Butter 田螺奶油		
Shallot chopped 紅蔥頭碎	10	公克
Onion chopped 洋蔥碎	10	公克
Garlic chopped 蒜頭碎	10	公克
Butter 奶油	約320	公克
White wine 白酒	60	毫升
Egg yolk 蛋黃	2	個
Parsley chopped 荷蘭芹碎	30	公克
Lemon juice 檸檬汁	少許	
Salt and pepper 鹽及胡椒	適量	

作法

1 先製作田螺奶油：將紅蔥頭碎、洋蔥碎、蒜頭碎用少許奶油炒香，加入白酒略煮收汁後放涼備用。將300克奶油放室溫下軟化後，放入料理機內，加入蛋黃，攪打至白色狀，加入上述白酒蔥蒜碎、荷蘭芹碎、少許檸檬汁、適量鹽及胡椒，混合均勻即可放冰箱冷藏備用。

2 將田螺肉洗淨，在鍋中先汆燙一下。

3 在滾水中煮田螺殼約30分鐘，瀝乾水份備用。

4 嫩炒洋蔥碎、蒜頭碎至金黃色，並加入田螺肉拌勻，加少許鹽及胡椒調味。

5 加入白酒、雞高湯。小火慢煮直到沙司變乾或田螺肉變軟。放至一旁備用。

6 將田螺奶油及田螺肉放入田螺殼中，並冷藏3小時。

7 將田螺放入180°C的烤箱烤約15分鐘或呈金黃色。將粗鹽放在盤中，放上烤好的田螺，用薄荷葉裝飾即可。

碳烤大干貝佐椰菜泥．油封番茄及榛果油醋汁

Grilled Scallops with Cauliflower Purée, Confit Tomatoes and Hazelnut Vinaigrette

份量：4份

材料

材料	數量	單位
Sea scallop 干貝	8	大顆
Olive oil 橄欖油	適量	
Lime juice 萊姆汁	1	毫升
Cauliflower 白花椰菜	1/2	顆
Cream 鮮奶油	50	毫升
Butter 奶油	50	公克
Nutmeg powder 豆蔻粉	1	公克
Frisee 綠捲鬚生菜	60	公克
Confit Tomatoes 油封番茄		
Cherry tomato 小番茄	4	個
Garlic minced 蒜末	1	顆
Shallots minced 紅蔥頭末	2	顆
Fresh thyme 新鮮百里香	10	株
Olive oil 橄欖油	50	毫升
Salt, pepper and sugar 鹽、胡椒、細砂糖	適量	

材料	數量	單位
Vinaigrette 油醋汁		
Hazelnut oil 榛果油	50	毫升
Sunflower oil 葵花油	50	毫升
Sherry vinegar 雪利醋	30	毫升
Hazelnuts chopped 榛果	15	公克
Sundried tomatoes diced 風乾番茄小丁	4	公克

作法

1 小番茄過水、去皮，切成四等分並去籽，放在烤盤上，刷上橄欖油和灑少許鹽、胡椒調味。

2 撒上紅蔥頭末、蒜末和新鮮百里香。再次加少許鹽、糖調味。放入75°C烤箱中，烤約3～4小時，油封番茄即完成。

3 將白花椰菜放入鹽水中沸煮約7分鐘，取出瀝乾後，再用鮮奶油煮約5分鐘，將鮮奶油及白花椰菜放入調理機中。

4 將白花椰菜和鮮奶油打至平滑狀，過篩。將奶油放入鍋中加熱，奶油融化後加入過篩後的椰菜泥，再加少許鹽、豆蔻粉調味，椰菜泥即完成。

5 用溫的鍋子將榛果加熱至金黃色。將榛果油、葵花油、雪利醋、榛果一起放入料理機中打勻，做成油醋汁，最後加入風乾番茄小丁拌勻即可。

6 將干貝放在鍋中烤至8分熟。移開火源，用萊姆汁、橄欖油和少許鹽調味。

7 供餐時，在盤子上排3個小圓椰菜泥，再放上烤好的干貝。將油封番茄圍繞著干貝排列，並舀取榛果油醋汁淋在周圍。最後以綠捲鬚生菜裝飾即可。

義式白花菜派

Sformato Di Cavolfiore Cauliflower Pie

份量：4 份（約4個舒芙蕾杯）

材 料

材料	數量	單位
Cauliflower (medium size) 白花椰菜（約90公克）	1/2	顆
Garlic 蒜頭	2	顆
Egg 蛋	2	個
Extra-virgin olive oil 初榨橄欖油	30	毫升
Chili peppers 辣椒	2	公克
Nutmeg powder 豆蔻粉	2	公克
Bread crumbs 麵包屑	30	公克
Salt 鹽	適量	

材料	數量	單位
Garnish 裝飾		
Cherry tomato 小番茄	4	個
Basil 羅勒葉	4	片
Black olive 黑橄欖	4	顆
Parmesan Sauce 帕瑪森沙司		
Parmesan cheese 帕瑪森起司	30	公克
Milk 牛奶	360	毫升
Butter 奶油	10	公克
Flour 麵粉	15	公克
Egg yolk 蛋黃	1	個
Salt and pepper 鹽、胡椒	適量	

作 法

1 將白花椰菜先略切成大塊，放入煮沸的鹽水中略煮，取出瀝乾後再切成相同的小片狀。起油鍋用橄欖油炒香蒜頭及辣椒，再加入白花椰菜片拌炒，以便吸收辣椒的風味。

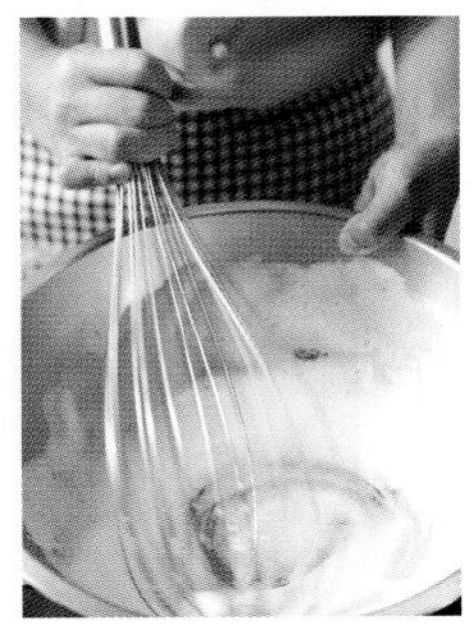

2 雞蛋分成蛋白及蛋黃。蛋白放入鋼盆中用打蛋器攪打，直到蛋白逐漸凝固，不會再流動，體積逐漸變大，提起打蛋器會有一個約2～3公分的小彎勾。

3 當白花椰菜冷卻後，將白花椰菜、蛋黃及荳蔻分次加入蛋白中，用橡皮刮刀輕輕地混合拌勻。

4 用橄欖油塗抹在耐高溫模具的內側，然後將作法3的花椰菜混合物盛入模具中。

5 在表面撒上麵包屑。

6 放入已預熱的烤箱，以180°C烤約25分鐘，烤至表面呈金黃色即可。

7 將奶油與麵粉拌勻，再加入牛奶煮約20分鐘，即成爲白醬。將帕瑪森起司加入白醬中煮沸，加少許鹽、胡椒調味，離火後加入蛋黃拌勻，即成帕瑪森沙司。出菜時將烤好的白花菜派倒扣在盤子中央，淋上帕瑪森沙司，用小番茄、羅勒葉、黑橄欖裝飾即可。

龍蝦香腸白酒沙司

Boudin of Lobster and Shrimp with Beurre Blanc

份量：5份

材 料

材料	數量	單位
Boudin of Lobster 龍蝦香腸		
Lobster 龍蝦	1	全隻
Shrimp 蝦子	500	公克
Fish meat 魚肉	500	公克
Egg white 蛋白	2	個
Cream 鮮奶油	700	毫升
Tarragon chopped 茵蔯蒿碎	3	公克
Parsley chopped 巴西里碎	30	公克
White wine 白酒	少許	
Salt and pepper 鹽及胡椒	適量	
Casing 豬腸衣	45	公分
Beurre Blanc 白酒奶油沙司		
Butter 奶油切小塊	50	公克
Shallot diced 紅蔥頭片	30	公克
White wine 白酒	60	毫升
Cream 鮮奶油	60	毫升
Fish stock 魚高湯	60	毫升
Parsley chopped 巴西里碎	10	公克

材料	數量	單位
Zucchini 義式節瓜	50	公克
Yellow squash 黃節瓜	50	公克
Carrot 紅蘿蔔	5	公克
Grape 葡萄	15	顆
Flour 麵粉	5	公克
Bread crumbs 麵包屑	5	公克
Stock 高湯	1000	毫升
Butter 奶油	50	公克
Basil 羅勒葉	5-10	葉
Egg 蛋	1	個
Salt and pepper 鹽及胡椒	適量	

作 法

1 將龍蝦從頭對半切，去腸泥，取出龍蝦肉切丁。蝦子去頭、殼、腸泥，再放入調理機中打成蝦漿。將龍蝦肉、蝦漿、魚肉、蛋白、鮮奶油、茵蔯蒿碎、巴西里碎一起拌勻，加少許白酒、鹽、胡椒調味，即成爲龍蝦香腸餡料。

2 將香腸餡料放入擠花袋中，將豬腸衣套在擠花袋口，灌好香腸，將兩端綁緊。

3 將香腸放入高湯中燙熟，放涼備用。

4 接著製作白酒奶油沙司。將紅蔥頭片炒香，放入白酒略煮收汁，再加入魚高湯略煮收汁，然後放入鮮奶油略煮後，以篩網過濾，略降溫後，再加軟化的奶油調味，並加入巴西里碎即可。

5 將紅蘿蔔、義式節瓜、黃節瓜切絲，用奶油炒香，加少許鹽、胡椒調味。將炒好的紅蘿蔔及節瓜放入盤中舖底，再放上切片的龍蝦香腸，並淋上白酒奶油沙司。

6 葡萄以迴紋針從蒂頭處去籽，再去皮，沾麵粉、蛋、麵包屑，入油鍋炸至金黃色，九層塔亦放入油鍋中炸過。將炸好的葡萄及羅勒葉放在盤中裝飾即可

義大利雞肉燻培根卷

Chicken and Bacon Rolls

份量：6份

材料

材料	數量	單位
Chicken breast , butterflied 雞胸肉，蝴蝶狀（2片）	500	公克
Zucchini diced 節瓜丁	50	公克
Bacon diced 培根丁	2	片
Extra virgin olive oil 初榨橄欖油	60	毫升
Fresg tarragon leaves 新鮮茵陳蒿葉	1	株
Eggs 蛋	2	個

材料	數量	單位
Dry white wine 不甜白酒	240	毫升
Walnuts 核桃	25	公克
Salt and black pepper 鹽、黑胡椒	適量	
Grilled vegetables 碳烤蔬菜	30	公克
Asparagus 蘆筍	2	個

作法

1 在鍋中用30毫升的油嫩炒節瓜、培根約5分鐘，然後加入茵陳蒿拌炒一下，再盛至容器中冷卻備用。

2 在冷卻後的作法1中加入蛋液拌勻，並加少許鹽、黑胡椒調味，再加入核桃拌勻。

3 在不沾鍋中加15毫升的橄欖油，油熱後加入作法2的混合液，煮約5分熟，直到近乎堅挺狀，用蓋子幫助翻面再煮幾秒鐘（約5分熟），分成兩半，放在旁邊備用。

4 桌面鋪上一張鋁箔紙，放上一片雞胸肉，雞胸肉上再擺上一片嫩蛋及蘆筍，用鋁箔紙把雞胸肉包住捲起，且緊緊地包好成為長條狀。

5 將15毫升的橄欖油及一半白酒倒在烤盤上，放上肉卷，烤箱先預熱，以160°C烤約30～45分鐘（視肉卷大小而定）。

6 解開肉卷的鋁箔紙，將烤出來的汁液加上剩餘的白酒一起略煮一下做成醬汁。肉卷切片擺盤，淋上醬汁，出菜時搭配碳烤蔬菜。

法式帕菲鮪魚魚子醬

Tuna and Caviar Parfait

份量：8 份

材 料

材料	數量	單位
Fresh tuna-finely diced 鮪魚丁	120	公克
Tabasco 辣椒水	0.5	毫升
Chives chopped 蝦夷蔥碎	15	公克
Olive oil 橄欖油	5	毫升
Lemon juice 檸檬汁	10	毫升
Salt and pepper 鹽、胡椒	適量	
Shrimp roe 蝦卵	60	公克
Osetra caviar 魚子醬	10	公克
Cream 鮮奶油	15	毫升

材料	數量	單位
Garnish 裝飾		
Toast 吐司	1	片
Chives 蝦夷蔥	8	枝

作 法

1 在一個冰凍過的鋼盆中，將鮪魚丁、辣椒水、蝦夷蔥碎、橄欖油、檸檬汁、鹽和胡椒一起拌勻調味。

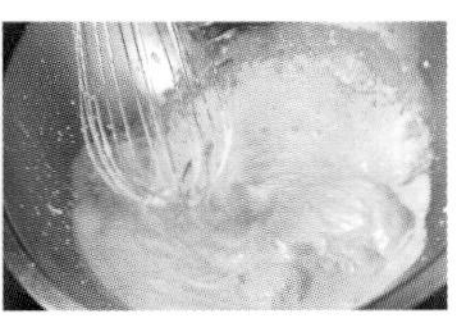

2 用打蛋器將鮮奶油打發。

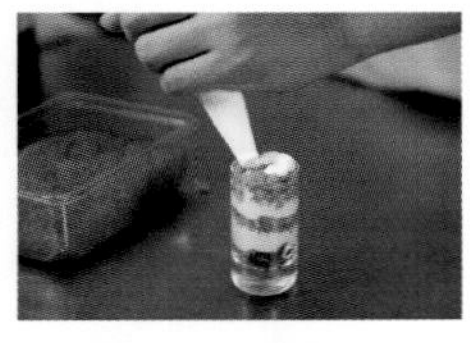

3 在小酒杯（高深酒杯）底部放上一層魚子醬，依序再放入鮮奶油、蝦卵、鮮奶油、鮪魚丁。

4 上面再放上打發鮮奶油、蝦卵、魚子醬，最後用兩段蝦夷蔥及烤好的一小塊三角吐司片裝飾即可。

扇貝小卷夏威夷果沙拉

Baby Squid and Scallop Salad with Macadamia and Capsicum Pesto

份量：4-6 份

材 料

材料	數量	單位
Squid round 7-8 cm 小卷（身長7-8 cm）	1	公斤
Red bell pepper strip 紅椒段	100	公克
Green bell pepper strip 青椒段	150	公克
Red tomato with skin strip 紅番茄去皮切段	150	公克
Lemon juice 檸檬汁	55	毫升
Sea Scallop 干貝	8-12	個
Custard powder 布丁粉	5	公克
Tofu 板豆腐	30	公克
White sesame 白芝麻	3	公克
Egg 蛋	1	個
Flour 麵粉	10	公克

材料	數量	單位
Capsicum Pesto 黃甜椒醬		
Macadamia 夏威夷果	90	公克
Garlic chopped 蒜碎	15	公克
Onion chopped 洋蔥碎	30	公克
Olive oil 橄欖油	45	毫升
Yellow bell pepper strip 黃椒段	120	公克
Chicken stock 雞高湯	40	毫升
White wine 白酒	120	毫升
Salt 鹽	適量	
Parmesan cheese 帕瑪森起司	120	公克
Ganish 裝飾		
Seaweed 日式乾海藻	5	公克

作 法

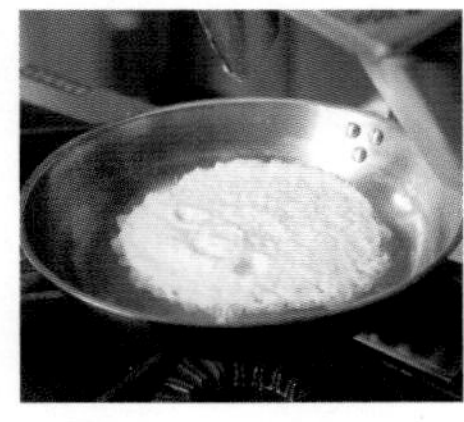

1 黃椒段、大蒜碎、洋蔥碎、白酒、鹽、雞高湯先一起在鍋中拌炒均勻，再和夏威夷果、帕瑪森起司一起放入料理機中打成泥狀，加入橄欖油調勻，即成為黃甜椒醬。可取少許黃甜椒醬在盤子周圍簡單裝飾一下。

2 將豆腐切成正方形，先沾麵粉，再沾蛋液，再沾布丁粉及白芝麻，煎成酥脆狀，瀝油備用。小卷及干貝洗淨，小卷切圈狀，一起用滾水汆燙至熟。

3 黃甜椒醬、紅椒段、青椒段、小卷、干貝和番茄、檸檬汁一起拌勻調味。

4 豆腐放在盤中墊底，再放上拌好的海鮮料，再以日式乾海藻（泡冷水後濾乾）裝飾即可。

義式托斯堪麵包沙拉

Tuscan Bread Salad

份量：4 份

材料

材料	數量	單位
Tuscan bread 義式托斯堪麵包	300	公克
Celery chopped 西芹碎	100	公克
Carrots chopped 紅蘿蔔碎	100	公克
Onions chopped 洋蔥碎	150	公克
Garlic chopped 蒜碎	2	顆

材料	數量	單位
Tomato 番茄	100	公克
Balsamic vinegar 義式老醋	20	毫升
Extra virgin olive oil 橄欖油	40	毫升
Salt and pepper 鹽、胡椒	適量	
Garnish 裝飾		
Cherry tomato 小番茄	60	公克
Fresh basil 新鮮羅勒葉	4	葉
Black olive 黑橄欖	4	顆

作法

1 將麵包切成小丁，放入烤箱以200°C烤約10分鐘。

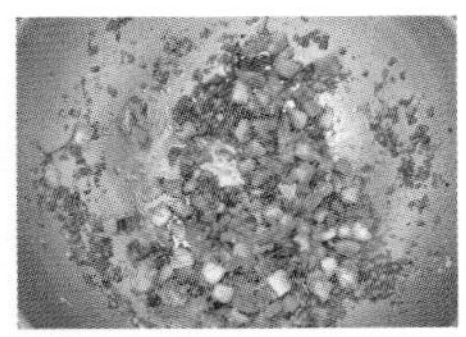

2 將所有蔬菜及大蒜切碎，加入麵包丁拌勻。

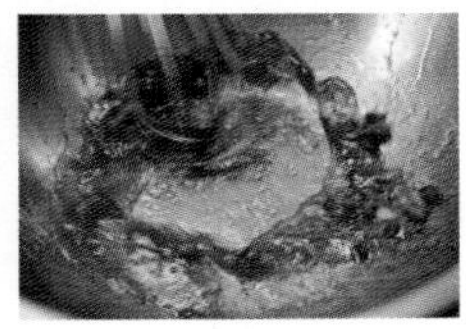

3 加鹽、胡椒、橄欖油、義式老醋拌勻調味。

4 放入冰箱冷藏至少2小時，取出後分裝入模型中。

5 將模型倒扣在盤中，取出模型，淋上裝模後剩下的醬汁，用羅勒葉、黑橄欖及小番茄裝飾。

義式豬肉鮪魚醬

Pork Tonato

份量：10 份

材　料

材料	數量	單位
Pork tenderloin 小里肌	200	公克
Stock 高湯	350	毫升
Tuna sauce 鮪魚沙司	100	毫升
Caper 酸豆	20	公克
Anchovy 鯷魚	10	公克
Tomato 番茄	50	公克
Paprika powder 匈牙利紅甜椒粉	4	公克
Iceberg lettuce 美生菜	適量	
Pine nut 松子（先烤過）	5	公克

材料	數量	單位
Tuna Sauce 鮪魚沙司		
Tuna fish (can) 鮪魚罐頭	45	公克
White wine 白酒	10	毫升
Pepper 胡椒	0.5	公克
Anchovy 鯷魚	2	公克
Mayonnaise 蛋黃醬	40	毫升
Cream 鮮奶油	5	毫升
Salt and pepper 鹽及胡椒	適量	
Parsley Pesto Sauce 青醬		
Fresh basil 新鮮羅勒	15	公克
Pine nut 松子（先烤過）	8	公克
Olive oil 橄欖油	50	毫升
Parsley chopped 巴西里碎	30	公克
Parmesan cheese 帕瑪森起司	15	公克
Salt and pepper 鹽及胡椒	適量	

方　法

1 在高湯中將豬小里肌泡煮（poach）至熟。

2 冷卻後，將小里肌切片排在盤中。

3 將製作鮪魚沙司的所有食材一起放入料理機中打勻，即成鮪魚沙司。

4 另外將製作青醬的所有食材一起放入料理機中打勻，即成青醬。

5 將鮪魚沙司舀在里肌片旁邊，再將酸豆、鯷魚絲、番茄丁、烤好的松子、青醬撒在小里肌肉周圍，最後再用美生菜裝飾，並灑上匈牙利紅甜椒粉即可。

義大利式薄牛肉片

Carpaccio of Beef Tenderloin with Parmesan Shavings

份量：4-5份

材料

材料	數量	單位
Beef fillet 牛菲力	80	公克
Boston lettuce 波士頓生菜	20	公克
Lolla rosa 羅拉羅莎生菜	10	公克
Lettuce leave 廣東A生菜	10	公克
Water cress or frisee 水田芥或綠捲鬚生菜	5	公克
Button mushroom 蘑菇	10	公克
Black truffle 黑松露	1	公克
Celery julienne 西芹絲	20	公克

材料	數量	單位
Black pepper powder 黑胡椒粉	2	公克
Truffle oil 松露油	2	毫升
Lemon juice 檸檬汁	3	毫升
Olive oil 橄欖油	10	毫升
Parmesan cheese powder 帕瑪森起司粉	25	公克
Salt and pepper 鹽及胡椒	適量	

作法

1 將牛肉切薄片排在盤中。

2 將洗淨的四種生菜排在牛肉薄片上。

3 蘑菇切片，加橄欖油浸泡，擠入檸檬汁，並加入鹽、胡椒調味。

4 西芹絲泡冰水。黑松露切薄片。

5 將蘑菇、西芹絲、黑松露放在生菜上面，周圍再淋上松露油，並灑上黑胡椒粉、帕瑪森起司粉即可。

檸檬漬鮮魚

Ceviche (Marinated Raw Fish)

份量：5份

材料

材料	數量	單位
Fish fillet, bite-size pieces 魚菲力（一口大小）	350	公克
Lime juice 萊姆汁	480	毫升
Onion minced 洋蔥末	120	公克
Red tomato, peeled, seeded, and minced 紅番茄、去皮、籽和切碎末	3	個
Tomato juice 番茄汁	240	毫升
Chili 辣椒（去籽切碎）	1	公克

材料	數量	單位
Olive oil 橄欖油	120	毫升
Water 水	120	毫升
Ketchup 番茄醬	120	毫升
Salt 鹽	10	公克
Pepper 胡椒	適量	
Tabasco 辣椒水	5	毫升
Garnish 裝飾		
Lemon zest julienne 檸檬原色皮絲	50	公克
Lettuce 生菜	5	葉
Black olive 黑橄欖	10	顆

作法

1 將魚菲力放在容器中，用萊姆汁、洋蔥碎、辣椒碎醃漬至少3小時以上。醃漬完成後，取適當份量放在盤子中央備用。

2 濾除萊姆汁，並將所有食材（黑橄欖、生菜、檸檬原色皮絲除外）放入鋼盆一起拌勻。取適當份量拌好的成品放在魚菲力上，並淋上些許成品的湯汁。

3 出菜前以黑橄欖、檸檬原色皮絲及生菜裝飾，再淋上一些成品的湯汁即可。

鵝肝焦糖布蕾

Foie Gras Crème Brulee

份量：4份

材料

材料	數量	單位
Foie gras 鵝肝	100	公克
Porcini mushrooms 牛肝菌	少許	
Egg yolk 蛋黃	3	個
Ceam 鮮奶油	100	毫升
Brown sugar 紅砂糖	少許	
Toast 吐司	4	片
Salt and pepper 鹽及胡椒	適量	

作法

1 乾牛肝菌先泡水洗淨（新鮮的則不必泡水），將鵝肝、牛肝菌、蛋黃、鮮奶油一起放入料理機中攪拌均勻，加鹽、胡椒調味。

2 將拌勻的材料裝入容器中，再放進已預熱的烤箱中，以隔水蒸烤的方式烤15分鐘。

3 成品取出後，將紅砂糖均勻鋪在鵝肝表面，用噴燈將紅砂糖烤至微脆即可。

4 食用時附上吐司麵包即可。

海鮮派佐芒果醬

Seafood Terrine Mango dressing

份量：8份

材料

材料	數量	單位
Seabass fillet 鱸魚菲力	1	公斤
Sea scallop 干貝	150	公克
Grass shrimp 草蝦	150	公克
Fresh dill 新鮮茴香	30	公克
Toast 吐司	200	公克
Celery 西芹	25	公克
Onion 洋蔥	50	公克
Carrot 胡蘿蔔	25	公克
Bay leave 月桂葉	1	葉
Thyme 百里香	1	公克
Mint leave 薄荷葉	5	公克

材料	數量	單位
Milk 牛奶	60	毫升
Cream 鮮奶油	300	毫升
White wine 白酒	100	毫升
Egg white 蛋白	3	個
Carrot thin sliced 紅蘿蔔薄片	300	公克
Laver 海苔片（大片）	8	片
Mango 芒果	100	公克
Mayonnaise 蛋黃醬	50	公克
Salt and pepper 鹽、胡椒	適量	
Aspic 雞湯凍		
Gelatine 吉利丁片	12	公克
Chicken stock 雞高湯	100	毫升

作法

1 將鱸魚洗淨取下肉切成小丁，和新鮮干貝一起放入鋼盆中，用白酒50毫升、鹽、胡椒醃漬約10分鐘。

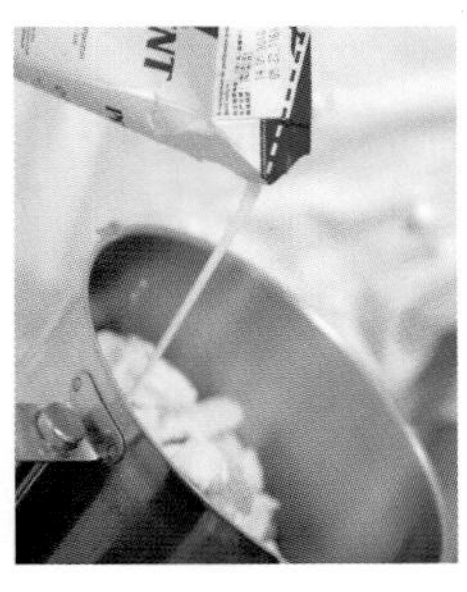

2 用牛奶將吐司泡軟，一起放入料理機打勻，再加入鱸魚、干貝、鮮奶油、蛋白，用少許鹽、胡椒調味，打成慕斯狀，隔冰水冰鎮。

3 蝦子先用牙籤去腸泥，再加西芹、洋蔥、胡蘿蔔、月桂葉、百里香、白酒50毫升、茴香、水300毫升一起煮，煮熟後蝦子去殼切成小丁。

4 將魚慕斯過篩。

5 將保鮮膜小心放入模具中，在魚慕斯中加入蝦仁丁、一半的干貝拌勻，用橡皮刮刀將魚慕斯小心平放在模具中，整平後用保鮮膜包好，並在處理台上輕輕甩動讓空氣跑出，放入已預熱的烤箱，以隔水加熱方式用180°C烤35～40分鐘，烤熟即可，冷藏待涼備用。

6 將紅蘿蔔薄片過水燙熟，擦乾水份備用。

7 將海苔片剪成條狀，與紅蘿蔔片交叉編成網狀。將吉利丁片先浸冷開水泡軟，擠乾水份後加入清雞湯中慢慢拌勻，即爲雞湯凍，再用刷子沾雞湯凍塗在海苔和胡蘿蔔片上。

8 從模具中取出魚慕斯，倒扣在海苔及紅蘿蔔片上，撕除保鮮膜，用刷子沾清雞湯塗在魚慕斯上，再用海苔和紅蘿蔔片將魚慕斯包覆好，倒扣回來收口朝下，切塊排入盤中。

9 將芒果、蛋黃醬用料理機打勻後，加入切碎的薄荷葉，用少許鹽和胡椒調味，做成芒果沙司，盛在小碟或小碗中，放入盤中即可。

湯品

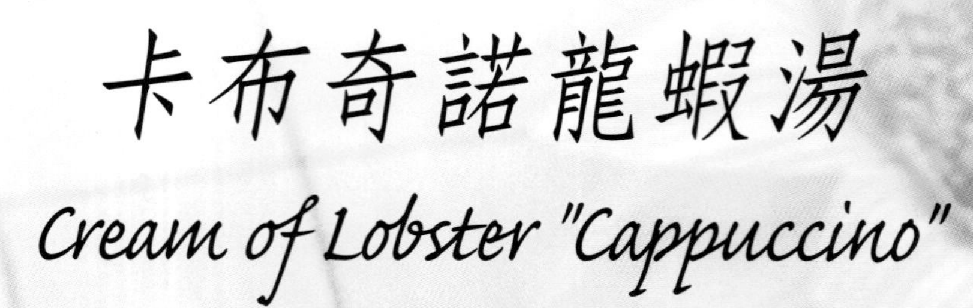

卡布奇諾龍蝦湯

Cream of Lobster "Cappuccino"

份量：4份

材料

材料	數量	單位
Court-Bouillon 煮海鮮用的湯		
Water 水	1 1/4	公升
Onion cube 洋蔥塊	50	公克
Carrot sliced 紅蘿蔔切片	25	公克
Celery 西芹	25	公克
Thyme 百里香	1	株
Bay leaf 月桂葉	1	葉
Black peper corn 黑胡椒粒	5	公克

材料	數量	單位
Cappuccino 卡布奇諾		
Lobster 龍蝦	1	隻
Onion chopped 洋蔥碎	1	公克
Tomato 番茄	150	公克
Tomato paste 番茄糊	5	公克
Cognac 法國干邑白蘭地	50	毫升
White wine 白酒	125	毫升
Cream 鮮奶油	1	公升
Milk 牛奶	500	毫升
Truffle oil 松露油	15	毫升
Cream 鮮奶油（打發裝飾用）	15	毫升
Salt and freshly ground pepper 鹽、現磨胡椒	適量	

作法

1 在大的湯鍋中將水煮沸，加入洋蔥塊、紅蘿蔔片、西芹、百里香、月桂葉和黑胡椒粒，煮沸，並用這個高湯低溫微煮龍蝦8-10分鐘，取出龍蝦慢慢放冷備用。

2 剝下龍蝦的頭部和殼，切成粗塊備用，龍蝦肉則切片備用。

3 在大的沙司鍋中嫩炒洋蔥碎、番茄及番茄糊，一經開始變色，加入龍蝦頭和殼，並在低溫中嫩炒所有東西3分鐘。

4 加入法國干邑白蘭地和白酒低溫煮約10分鐘，酒精揮發之後，加入鮮奶油及牛奶，低溫繼續烹調30分鐘，讓湯汁變濃稠。

5 先將龍蝦的頭和殼取出，再將濃縮的湯汁倒入料理機中，運轉打勻後過濾，去除所有的殘渣，加少許鹽及胡椒調味。

獨創的展示

將湯盛入咖啡杯中，加入2片龍蝦肉，用小茶匙滴入一些松露油灑滿表面，可增加意外精湛的風味。爲了產生平滑感的效果，上面可放一匙打發的鮮奶油，再放一點切碎的百里香葉裝飾。

羊肉球扁豆湯

Lentil Soup with Lamb Meatballs

份量：8份

材料

材料	數量	單位
Olive oil 橄欖油	30	毫升
Onions chopped 洋蔥碎	75	公克
Carrots diced 紅蘿蔔丁	50	公克
Garlic minced 蒜末	3	顆
Celery diced 西芹丁	0.5	株
Fresh thyme 新鮮百里香	0.5	株
Turmeric 鬱金香粉	3	公克
Cumin powder 茴香粉	5	公克
Lentils/red preferred 扁豆（紅扁豆更好）	225	公克
Salt and black pepper 鹽、黑胡椒	適量	

材料	數量	單位
Chicken or vegetable broth 雞高湯或蔬菜高湯	0.8	公升
Lemon juice 檸檬汁	7	毫升
Plain yogurt – Garnish 原味優格	120	公克
Garnish 裝飾		
Mint chopped 切碎的薄荷	5	公克
Lemon zest 檸檬原色皮	2.5	公克

羊肉球材料

材料	數量	單位
Ground lamb 羊絞肉	225	公克
Almond 杏仁	80	公克
Bread crumbs 麵包屑	80	公克
Onion chopped 洋蔥碎	50	公克
Raisins chopped 葡萄乾碎	30	公克

材料	數量	單位
Egg beaten 打勻的蛋	1	個
Garlic minced 蒜末	4	顆
Fresh cilantro minced 新鮮香菜末	15	公克
Dried red chili chopped 乾辣椒碎	1	公克
Salt and black pepper 鹽、黑胡椒	少許	

作法

1 將杏仁放在175 °C的烤爐中烤3-5分鐘，用食物調理機磨碎。將製作羊肉球的所有材料放入鋼盆中，充分攪拌均勻，用手抓取一小塊，搓揉成大約直徑2公分的羊肉球，放在烤盤上，大約可做成16顆羊肉球。

2 將羊肉球放入已預熱的烤爐中，以180 °C烤約10-13分鐘，將羊肉球烤熟即可移至一旁備用。

3 以中火用橄欖油嫩炒洋蔥、紅蘿蔔、蒜、西芹，快速攪拌直到洋蔥成透明狀，加入百里香、鬱金香粉、茴香粉，再拌炒約1分鐘。

4 將炒好的洋蔥、紅蘿蔔等移入湯鍋中，加入高湯和扁豆，煮到沸騰，改以小火濃縮，去除泡沫，煮約25-30分鐘，必須將扁豆煮軟。

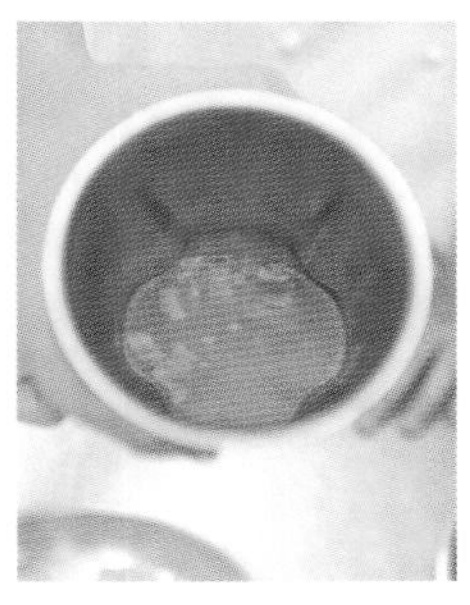

5 將1/2鍋扁豆湯放入料理機中打勻，再倒回原本的湯中，以鹽、胡椒調味。

6 將肉丸加入湯中，以低溫煮約5分鐘。取湯盤盛入兩顆羊肉球，再倒入適量的扁豆湯。

7 在小鋼盆中將優格、薄荷、檸檬汁、檸檬原色皮拌勻，取適量加入羊肉球扁豆湯中裝飾即可。

咖哩冷湯襯油封鴨

Chilled Curried Soup with Duck Confit

份量：8份

材料

材料	數量	單位
Butter 奶油	30	公克
Onions chopped 洋蔥碎	2	公克
Leek sliced 青蒜片	3	株
Garlic minced 蒜末	1	顆
Curry powder 咖哩粉	10	公克
Vegetable stock 蔬菜高湯	720	毫升
Potato, peeled and sliced 洋芋去皮切片	450	公克

材料	數量	單位
Milk 牛奶	720	毫升
Chives chopped 蝦夷蔥碎	30	公克
Duck leg confit 油封鴨腿	4	隻
Bell pepper 甜椒	1/2	顆
Fresh thyme 百里香	8	株
Salt 鹽	少許	
Ground pepper 胡椒粉	少許	

作法

1 開中火在鍋中融化奶油，加入洋蔥碎、青蒜和蒜碎嫩炒，拌炒直到蔬菜開始軟化。

2 加入咖哩粉繼續拌炒，直到洋蔥碎和青蒜變柔軟。

3 加入蔬菜高湯、洋芋和少許的鹽，高湯需蓋過洋芋，烹煮直到洋芋軟化，注入牛奶攪拌均勻。

4 將湯汁倒入料理機中打勻，直到非常平滑和光亮，然後用濾網過濾出湯汁。

5 將過濾好的湯倒入大的鋼盆中，隔冰水降溫。

6 如果湯太濃稠，可再加入一點牛奶或高湯，攪拌直到湯呈現濃稠狀。

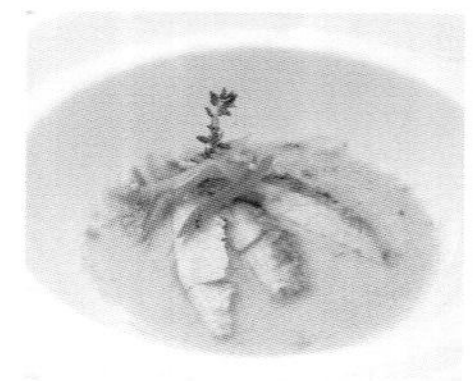

7 用乾淨的布覆蓋鋼盆，將湯冷卻2小時。湯中加少許鹽、胡椒調味。在湯盤中放入切片的鴨腿肉，再盛入適量的湯，灑上蝦夷蔥碎，最後以甜椒絲及百里香裝飾。

※註：油封鴨腿作法請參見前菜部分（p.70-71）。

蘋果冷湯
Cold Apple Soup

份量：4份

材料

材料	數量	單位
Apple 蘋果	6	顆
Stock 高湯	360	毫升
Lemon zest 檸檬原色皮	1	顆
Sugar 細砂糖	30	公克
Currant jelly 紅醋栗汁	30	毫升

材料	數量	單位
Red wine 紅酒	720	毫升
Lemon juice 檸檬汁	45	毫升
Cinnamon powder 玉桂粉	2	公克
Mint leave 薄荷葉	4	葉

作法

1 將4顆蘋果的頂部切下來，放在一旁備用。

2 用挖球器挖出蘋果果肉，使之成盅狀。而另兩顆蘋果去皮切片備用。

3 在鍋中放入挖出的蘋果肉和切片的蘋果、高湯、檸檬原色皮、細砂糖，用中火煮至沸騰，再改用小火慢煮約8分鐘直到蘋果軟化。

4 將檸檬原色皮取出丟棄，加入紅醋栗汁、紅酒、檸檬汁，增高溫度煮到沸騰，攪拌5分鐘。

5 將鍋子移離火源，加入玉桂粉攪拌均勻。

6 將鍋中的食材放入到料理機中打勻，再用篩網過濾。用木匙將食材按壓一下擠出汁液，丟棄雜質，放入冰箱冷卻備用。

7 將冷卻的蘋果冷湯裝入蘋果盅內，放上切下的蘋果頂部，加上薄荷葉裝飾即可。

義大利蘆筍奶油湯

Zuppa Di Asparagie Porri
(Cream of Asparagus Soup)

份量：4份

材料

材料	數量	單位
Olive Oil 橄欖油	30	毫升
Onion chopped 洋蔥碎	40	公克
Asparagus 蘆筍	300	公克
Croutons 麵包丁	80	公克
Leek chopped 青蒜碎	15	公克

材料	數量	單位
Salt and pepper 鹽、胡椒	適量	
Stock 高湯	600	毫升
Parmesan cheese 帕瑪森起司	60	公克

作法

1 在鍋中用橄欖油炒香洋蔥。加入切碎的蘆筍（保留12支蘆筍尖不切碎）及青蒜碎，拌炒5分鐘。

2 加入150毫升的高湯、鹽、胡椒，煮約10分鐘。

3 先將12支蘆筍尖取出，再將煮好的湯放入料理機中打勻。

4 將湯倒入湯盤中，出菜前撒上帕瑪森起司。

5 每一份湯中撒上一些麵包丁，再將3支蘆筍尖放入湯中即可。

哈密瓜冷湯

Cold Melon Soup

份量：4 份

材料

材料	數量	單位
Orange juice 柳橙汁	240	毫升
Lime juice 萊姆汁	45	毫升
Honey 蜂蜜	15	毫升
Cantaloupe chopped 歐洲蜜瓜（橘色）切碎	240	公克
Honeydew melon chopped 哈蜜瓜切碎（乳黃色果皮青色果肉）	240	公克
Champagne vinegar or apple cider 香檳醋或蘋果醋	240	毫升

材料	數量	單位
Garnish 裝飾		
Mint leave 薄荷葉	4	株

作法

1 將柳橙汁、萊姆汁、一半的歐洲蜜瓜（橘色）和一半的哈蜜瓜加入料理機中。

2 再將蜂蜜加入料理機中，一起打勻。

3 將打好的蜜瓜汁倒入容器中，隔著冰水急速冷卻。

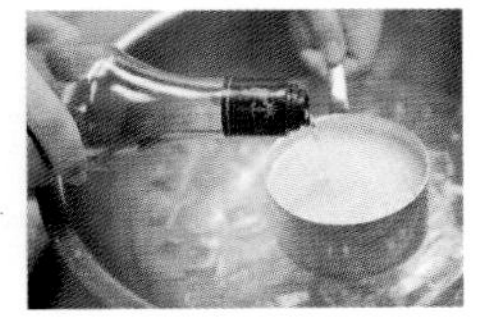

4 將剩餘的兩種蜜瓜切碎，放入打勻的蜜瓜汁中攪拌，並加入香檳醋或蘋果醋拌勻。

5 供餐前此湯需保持冰冷，上菜前盛入杯子中，加上薄荷葉裝飾即可。

咖哩椰菜蘋果湯

Curried Cream of Cauliflower and Apple Soup

份量：6份

材　料

材料	數量	單位
Butter 奶油	15	公克
Onions chopped 洋蔥碎	240	公克
Curry powder 咖哩粉	5	公克
Saffron powder 紅花粉	0.2	公克
Apple, peeled and sliced 蘋果去皮切片	240	公克
Salad oil 沙拉油（油炸油）	200	毫升

材料	數量	單位
Cauliflower 白花菜	960	公克
Vegetable stock 蔬菜高湯	1	公升
Cream 鮮奶油	240	毫升
Apple julienne 蘋果絲	1	顆
Mint leave 薄荷葉	6	株
Salt and black pepper 鹽、黑胡椒	適量	

作　法

1 將奶油放入鍋中以中火融化，加入洋蔥碎、咖哩粉、紅花粉拌炒約2分鐘，加入蘋果片，再嫩炒5分鐘，加入白花菜、高湯和鹽、胡椒調味。煮至沸騰，改以小火慢煮15-20分鐘，或直到白花菜柔軟，加入鮮奶油煮3分鐘，感受到熱度，但不能滾。

2 用沙拉油將蘋果絲炸至金黃色。

3 將湯倒入料理機中打勻。

4 趁溫熱將湯盛入湯盤中，放上炸蘋果絲，再以薄荷葉裝飾即可。

米酒醋醃漬干貝
襯酪梨沙拉及西班牙冷湯汁

Rice wine vinegar marinated scallops, spiced avocado and gazpacho

份量：6份

材料

材料	數量	單位
Gazpacho 西班牙冷湯		
Garlic 大蒜	1	顆
Vine-ripened tomatoes, Chopped 成熟番茄，切碎	5	個
Red onion diced 紅洋蔥丁	1/2	顆
Orange, peeled, seeded and chopped 柳橙去皮去籽切碎	1	顆
Red pepper, seeded and roughly chopped 紅甜椒，去籽切碎	1	顆
Cucumber, peeled and diced 黃瓜去皮切小丁	1	顆
Olive oil 橄欖油	125	毫升
Lemon juice 檸檬汁	90	毫升
Tomatoes juice 番茄汁	375	毫升
Sherry vinegar 雪莉酒醋	15	毫升
Sea salt 海鹽	適量	
Cayenne pepper 辣椒	適量	

材料	數量	單位
Marinated Scallop 醃漬干貝		
Sea scallop 干貝	6	個
Limes juice 萊姆（擠汁）	2	個
Rice wine vinegar 米酒醋	30	毫升
Pickled ginger & juice, finely Chopped 醃漬生薑和薑汁，生薑切細小丁	10	公克
Thai fish sauce 泰式魚露汁	3	毫升
Freshly ground blake pepper 新鮮黑胡椒	3	公克
Spiced Avocado 酪梨沙拉		
Avocado 酪梨	60	公克
Red pepper, seeded and roughly chopped 紅甜椒，去籽切碎	25	公克
Onions chopped 洋蔥碎	10	公克
Lemon juice 檸檬汁	5	毫升
Olive oil 橄欖油	10	毫升
Coriander leaves 香菜	40	公克

作法

1 先製作西班牙冷湯，將大蒜和5顆番茄放入料理機中，再加入紅洋蔥、柳橙、紅甜椒和黃瓜一起打勻。

2 將打好的液體加入橄欖油、檸檬汁、番茄汁跟雪莉酒醋一起拌勻後過濾，再用鹽、辣椒調味，冰鎮備用。

3 接著製作醃漬干貝，在容器中將干貝、萊姆汁、米酒醋、醃漬生薑、魚露和現磨黑胡椒混合，至少冷藏醃漬3小時以上。

4 接著製作酪梨沙拉，將酪梨切小小丁，加入紅甜椒碎、洋蔥碎、檸檬汁、橄欖油及香菜切碎（保留一些香菜葉裝飾用），一起拌勻備用。

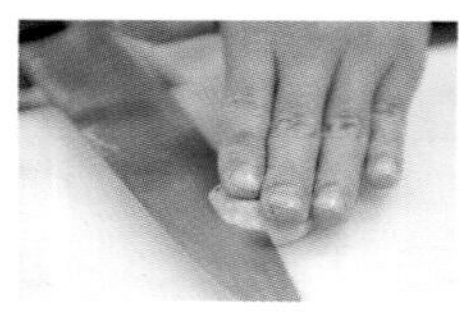

5 將干貝取出，橫切兩刀，將每個干貝切成三片。

6 將圓型中空模具圈放在餐盤中間，先放入一片干貝，加入一些酪梨沙拉，再放入一片干貝，加入一些酪梨沙拉，上面再鋪上一片干貝，在鋪放的過程中可用小湯匙將材料壓緊，再小心拿開圓型模具圈。

7 取一匙西班牙冷湯畫在干貝和酪梨沙拉周圍，最後以香菜葉裝飾即可。

紅蘿蔔湯襯燜菊苣及椰香炸蝦

Carrot soup with Braised Endive & Coconut Fried Prawn

份量：4 份

材 料

材料	數量	單位
Lemon grass 香茅	5	公克
Ginger chopped 薑碎	10	公克
Garlic chopped 蒜碎	4	公克
White wine 白酒	20	毫升
Rice wine vinegar 白醋	15	毫升
Carrot chopped 紅蘿蔔碎	300	公克
Orange juice 橙汁	114	毫升
Orange zest（blanched）柳橙原色皮	3	公克
Cardamom powder 小荳蔻粉	2	公克
Salt and pepper 鹽、胡椒	適量	
Chicken stock 雞高湯	600	毫升
Lime juice 萊姆汁	15	毫升
Butter 奶油	30	公克
Coconut milk 椰奶	28	毫升
Coconut grated 椰子絲	28	公克

材料	數量	單位
Flour 麵粉	20	公克
Corn starch 玉米粉	5	公克
Baking powder 發粉	1	公克
Whole egg separated 蛋液	1	顆
Mustard powder 芥末粉	3	公克
Beer 啤酒	15	毫升
Prawns, medium size 明蝦	4	隻
Braised Endive 燜比利時生菜（菊苣）		
Olive oil 橄欖油	10	毫升
Endive 菊苣	2	株
White wine 白酒	120	毫升
Sugar 細砂糖	30	公克
Bacon diced 培根丁	60	公克
Onion 洋蔥	60	公克
Salt and pepper 鹽、胡椒	適量	

作 法

1 用奶油炒薑碎、香茅、蒜碎及紅蘿蔔碎，加入白酒、白醋，湯汁收乾至1/2時，加入雞高湯、橙汁、燙過的柳橙原色皮、萊姆汁煮沸約30分鐘，加少許鹽及胡椒調味，再倒入料理機中打勻備用。

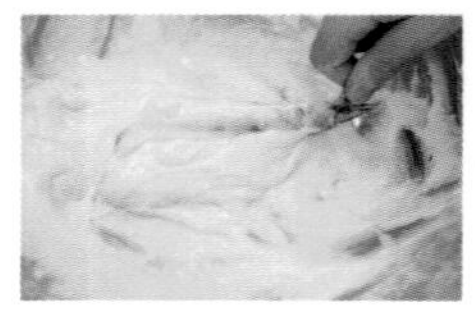

2 將椰奶、麵粉、玉米粉、發粉、蛋液、芥末粉、啤酒、小荳蔻粉充分混合拌勻，製作成麵糊。剝除蝦子的頭部及外殼，只留下尾部最後一段蝦殼，去除腸泥，用手抓住蝦尾沾上麵糊。

3 蝦子再沾上一層椰子絲，入油鍋炸熟備用。

4 用橄欖油炒培根、洋蔥碎，炒軟後加入比利時生菜（菊苣），淋上白酒及細砂糖，煨煮約3分鐘，以鹽、胡椒調味，蓋上鍋蓋，入烤箱烤約10分鐘。

5 將煮好的湯盛入湯碗中，放入炸蝦及燜煮的菊苣當湯料即可。

馬里蘭蟹肉湯

Maryland Crab Soup

份量：10份

材料

材料	數量	單位
Butter 奶油	30	公克
Onions chopped 洋蔥碎	150	公克
Garlic minced 蒜碎	2	顆
Green bell pepper chopped 青椒碎	1	公克
Celery chopped 西芹碎	3	條
Fish stock or bouillon 高湯	1450	毫升
Tomato sauce (or crushed tomatoes) 番茄沙司（或絞碎番茄）	870	公克
Bay leaf 月桂葉	1	片
Fresh oregano or 1 tsp. dried 新鮮奧勒岡（或1茶匙乾燥奧勒岡）	5	公克

材料	數量	單位
Dried red peppers crumbled or a pinch of cayenne-to taste 乾辣椒碎（或辣椒粉）	2	公克
Potato diced 洋芋丁	2	顆
Carrot sliced 紅蘿蔔片	250	公克
Fresh or frozen corn kernels 新鮮或冷凍玉米粒	480	公克
Crab meat 蟹肉	450	公克
Parsley chopped 荷蘭芹碎	30	公克
ground black pepper 黑胡椒	適量	

作法

1 用奶油嫩炒洋蔥、蒜、青椒、西芹，並加入120毫升高湯煮約5-10分鐘，直至蔬菜柔軟。

2 加入剩餘高湯及番茄沙司（或絞碎番茄）、月桂葉、奧勒岡、乾辣椒碎（或辣椒粉）、洋芋丁、紅蘿蔔片煮約20分鐘，或是直到蔬菜鬆軟。

3 加入玉米粒、蟹肉、荷蘭芹碎拌炒，小火慢煮5分鐘，出菜前用胡椒調味即可。

費城鮑魚巧達湯

Philadelphia Abalone chowder

份量：6份

材料

材料	數量	單位
Bacon diced 培根碎	200	公克
Carrots diced 紅蘿蔔碎	230	公克
Leek whites 青蒜碎	30	公克
Onion chopped 洋蔥碎	180	公克
Celery chopped 西芹碎	90	公克
Garlic minced 蒜頭末	2.5	公克
Tomatoes chopped 番茄碎	120	公克

材料	數量	單位
Potatoes diced 洋芋丁	120	公克
Abalone 鮑魚	180	公克
Chicken broth 雞高湯	2	公升
White wine 白酒	30	毫升
Salt 鹽	2.5	公克
Pepper ground 胡椒絞碎	1.5	公克
Thyme chopped 百里香碎	3	公克
Bay leaf 月桂葉	1	片

作法

1 在沙司鍋中放入鮑魚、紅蘿蔔碎30克、洋蔥碎60克、西芹碎30克、白酒、月桂葉，加水約400毫升，用小火慢煮約20分鐘，將鮑魚煮熟，取出鮑魚切片備用。

2 在湯鍋中乾炒培根丁直到呈淡黃色，加入紅蘿蔔碎200克、青蒜碎、洋蔥碎120克和西芹碎60克拌炒。

3 加入雞高湯和洋芋丁，以低溫小火慢煮約5-10分鐘，加入蒜碎、番茄碎煮約5分鐘。

4 將鮑魚片加入湯中，再加入鹽、胡椒、百里香碎調味，以小火維持湯的熱度即可。上菜時將湯盛入湯盤中，再放入幾片鮑魚片即可。

※註：也可使用相同的食譜製作曼哈頓蛤蜊巧達湯和海螺巧達湯，用蛤蜊和海螺替代鮑魚。

義式野菇雲吞湯

Mushroom Tortellini in Wild Mushroom Broth

份量：8-10份

材料

材料	數量	單位
Boiling-hot water 煮沸熱水	480	毫升
Dried porcini mushrooms 乾的牛肝菌	80	公克
Leek 青蒜	1	棵
Parmigiano-Reggiano 帕瑪森起司	180	公克
Fresh mushrooms caps and stems chopped separately 新鮮蘑菇菇帽和莖切碎	225	公克
Shiitake mushrooms caps and stems chopped separately 新鮮香菇菇帽和莖分開切碎	110	公克
Butter 奶油	30	公克

材料	數量	單位
Garlic minced 蒜末	10	公克
Parsley chopped 荷蘭芹碎	15	公克
Parsley 荷蘭芹	2	枝
Fresh thyme 新鮮百里香	2	株
Celery 西芹	1	株
Cold water 冷水	960	毫升
Beef broth 牛肉高湯	960	毫升
Black peppercorns, cracked 黑胡椒碎	8	公克
Wonton skin 餛飩皮	20	片
Salt 鹽	適量	

作法

準備蔬菜做填塞物和高湯

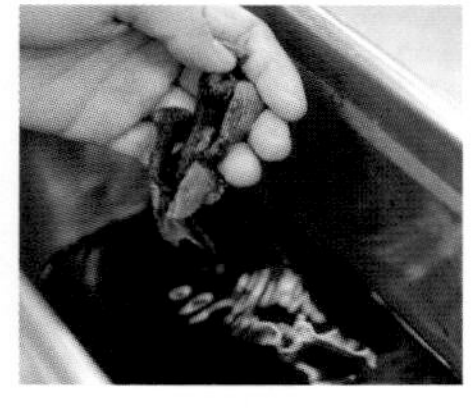

1 在碗中注入煮沸的熱水覆蓋乾的牛肝菌約20分鐘直到柔軟，取出牛肝菌，擠出過多的液體到碗中。沖洗掉牛肝菌中的砂石，切碎牛肝菌。將浸泡的汁液注入放有紙巾的篩網中過濾，並倒入其他碗中備用。

2 青蒜去除多餘部分，保留約12公分完好的綠葉並縱長對半切開，用冷水沖洗乾淨和拍乾，好的綠葉切粗碎，白色部分切細碎分開保留。

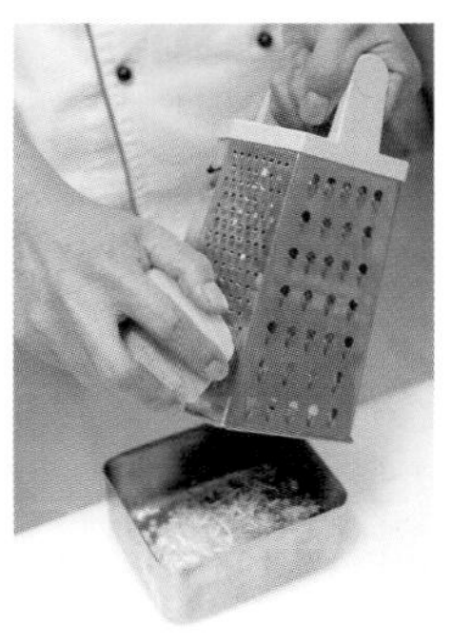

3 磨碎起司約60g，保留剩餘起司塊，然後切除外皮。

製作雲吞餡料

1 將新鮮磨菇、新鮮香菇、切碎的牛肝菌、白色和綠色部分的青蒜、蒜頭和適量的鹽放入料理機中打碎。

2 在12吋的不沾鍋中用中火加熱奶油直到泡沫消失，烹調綜合菇約10分鐘，不斷地攪拌，轉換到碗中並完全放冷，加入60g起司碎、荷蘭芹碎和鹽、胡椒調味。

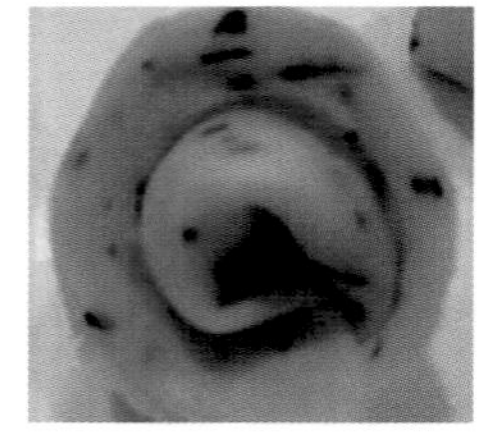

3 用餛飩皮將餡料包成義大利雲吞（Tortellini）。

製作高湯

1 把荷蘭芹和百里香（留下少許備用）塞進西芹的凹槽中，綑綁在一起製成香料束，將冷水、牛肉高湯、香料束、壓碎的胡椒粒、磨菇莖、香菇莖、剩餘切碎的牛肝菌、牛肝菌浸泡的汁液、起司的外皮和少許的鹽，放在3公升沙司鍋中小火慢煮。

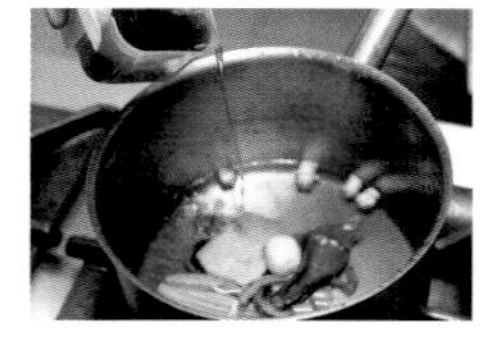

2 偶爾攪拌，加熱濃縮，小火慢煮約45分鐘。

3 高湯用濃密度的篩網墊著過濾布過篩到大的鋼盆中，固體材料中的湯汁也要用湯匙或其他器具擠壓出來。將高湯倒回到沙司鍋中。

烹調義大利雲吞

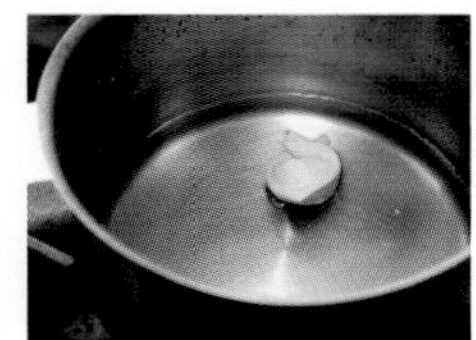

1 將高湯煮到沸騰，用鹽、胡椒調味，加入義大利雲吞小火慢煮，小心攪拌一次或兩次，直到柔軟，時間約3-5分鐘。

2 以湯勺舀取高湯和每客2顆義大利雲吞到湯碗中，供餐時再撒上少許磨碎的帕瑪森起司和切碎的百里香碎即可。

鮮蝦生菜雞肉濃湯

Creme Marquise with Shrimp

份量：6份

材料

材料	數量	單位
Onion 洋蔥	120	公克
Leek 青蒜	120	公克
Butter 奶油	150	公克
Flour 麵粉	50	公克
Chicken stock 雞高湯	2.4	公升
Boston lettuce 波士頓奶油生菜	450	公克
Milk 牛奶	240	毫升

材料	數量	單位
Cream 鮮奶油	120	毫升
Shredded lettuce 生菜粗條	120	公克
Cooked rice 煮熟的白飯	120	公克
Shrimp 蝦仁	60	公克
Chicken 雞肉	60	公克
Salt and pepper 鹽及胡椒	適量	

作法

1 先將生菜粗條汆燙一下，再將雞肉及蝦仁燙熟備用。在湯鍋中，用奶油嫩炒洋蔥、青蒜約5分鐘，加入麵粉再煮5分鐘。

2 加入高湯和奶油生菜混合均勻，用小火慢煮至熟，倒入料理機中打成泥狀。

3 在鍋中加入牛奶及鮮奶油攪拌，加熱至沸騰，再倒入料理機中與生菜泥一起攪拌均勻。加少許鹽及胡椒調味。

4 出菜前將煮熟的生菜粗條、雞肉、蝦仁和白飯放入湯盤中，再倒入生菜湯即可。

羅勒披薩湯
Pizza Soup with Basil

份量：4 份

材料

材料	數量	單位
Vegetable oil 蔬菜油	15	毫升
Onion chopped 洋蔥碎	1	個
Mushrooms sliced 蘑菇片	100	公克
Bell peppers sliced 甜椒絲	50	公克
Canned tomatoes 罐頭番茄	200	公克
Chicken stock 雞高湯	200	毫升

材料	數量	單位
Pepperoni sliced 義大利香腸	90	公克
Basil 九層塔	5	公克
Shredded mozzarella cheese 莫則瑞拉起司絲	200	公克
Salt and pepper 鹽及胡椒	適量	

作法

1 用蔬菜油嫩炒洋蔥、蘑菇片、甜椒絲直到鬆軟。

2 加入切成丁狀的罐頭番茄、雞高湯、義大利香腸片、乾燥九層塔煮至沸騰，加適量的鹽及胡椒調味，灑上起司絲。

3 將湯盛入湯碗中，放入明火烤箱烤至起司起泡即可。

蟹肉魚翅餃椰菜湯

Cream of Cauliflower with Crabmeat and Shark Fin Ravioli

份量：1份

材料

材料	數量	單位
White stock 白高湯	160	毫升
Cauliflower 白花菜	60	公克
Cake flour 低筋麵粉	60	公克
Egg 蛋	1	顆
Spring onion 青蔥	3	克
Salt and pepper 鹽及胡椒	適量	

材料	數量	單位
Salmon 鮭魚	30	公克
Crabmeat 蟹肉	20	公克
Cooked Sharks fin 煮好的魚翅	2	片
Olive oil 橄欖油	5	毫升
Water 水	適量	
Garnish 裝飾		
Cream 鮮奶油	40	毫升
Parsley 荷蘭芹	5	公克

作法

1 將白花菜加入高湯中煮熟，放入料理機中打成椰菜湯，加少許鹽及胡椒調味。

2 將蛋、麵粉、橄欖油及適量的水在鋼盆中混合均勻，慢慢搓揉成爲均勻光滑、軟硬適中的麵糰。

3 將鮭魚、蟹肉、青蔥放入料理機中，加少許鹽及胡椒調味，攪打成魚慕斯。

4 將麵糰用擀麵棍擀成薄片狀，切成比圓形模大一點的正方形麵皮。取適量魚慕斯放在一張麵皮中央，覆蓋上另一張麵皮，用圓形模壓製出圓形水餃，將水餃邊緣確實捏緊，放入滾水中煮熟。

5 出菜時在湯盤中放2顆水餃、魚翅，倒入適量椰菜湯，再以打發鮮奶油、荷蘭芹碎裝飾即可。

墨西哥巨蟹玉米巧達湯

Jalapeno Corn Chowder with King Crab

份量：8 份

材料

材料	數量	單位
Butter 奶油	30	公克
Flour 麵粉	40	公克
Cajun spicy 肯郡香料	20	公克
Thyme 百里香	5	公克
Marjoram 馬郁蘭草	2	公克
Bacon 培根	6	片
Celery chopped 西芹碎	250	公克
Onion chopped 洋蔥碎	500	公克
Chicken stock 雞高湯	1.5	公升
Corn kernels 玉米粒	500	公克

材料	數量	單位
Potato brunoise 洋芋小小丁	200	公克
Brown sugar 紅糖	5	公克
Cream 鮮奶油	250	公克
King crab 巨蟹	80	公克
Red bell pepper 紅甜椒	100	公克
Olive oil 橄欖油	50	毫升
Parmesan cheese 帕瑪森起司	30	公克
Coriander leave 香菜葉	5	公克
Salt and pepper 鹽及胡椒	適量	

作法

1 用奶油嫩炒西芹碎、洋蔥碎、玉米粒、洋芋丁。

2 加入肯郡香料、紅糖及麵粉一起拌炒。

3 再加入百里香、馬郁蘭草、培根丁拌炒，加入高湯及鮮奶油，做成巧達湯。

4 在烤爐上將巨蟹腿烤熟。

5 直接用瓦斯燒紅椒，直到表皮有點微焦。

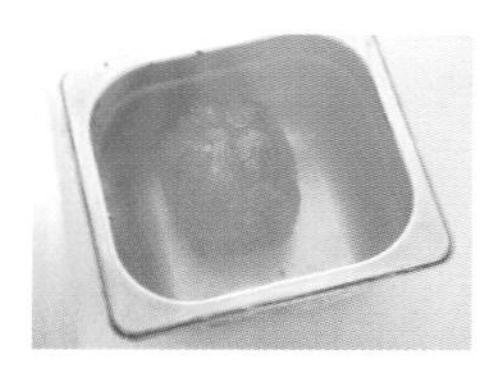

6 將紅椒放入鋼盆中，蓋上保鮮膜，靜置十分鐘，使表面產生水蒸氣，較容易去皮。將紅椒去皮後切塊，和橄欖油一起放入料理機中攪碎，做成紅椒油備用。

7 將帕瑪森起司放入烤箱中烤成芝士餅。將紅椒油加入巧達湯中，再加入適量的鹽及胡椒調味。將巧達湯盛入湯盤中，放上巨蟹腿，用芝士餅及香菜裝飾即可。

主菜

紐奧良海鮮飯
Grass Shrimp étouffée

份量：4份

材料

材料	數量	單位
Grass shrimp 草蝦	32	隻
Butter 奶油	110	公克
Onion chopped 洋蔥碎	240	公克
Celery chopped 西芹碎	120	公克
Green bell pepper chopped 青椒碎	120	公克
Red bell pepper chopped 紅椒碎	120	公克
Tomatoes diced 番茄丁	120	公克
Garlic minced 蒜末	30	公克
Louisiana Gold Pepper Sauce 路易斯安那辣椒水	適量	
Bay leaves 月桂葉	2	片
Tomato sauce 番茄沙司	120	公克

材料	數量	單位
Flour 麵粉	80	公克
Crawfish stock 蝦高湯	940	毫升
Sherry 雪莉酒	30	毫升
Green onion chopped 青蔥碎	240	公克
Parsley chopped 荷蘭芹碎	120	公克
Salt 鹽	適量	
Cayenne pepper 紅辣椒粉	適量	
White rice, steamed 煮熟白飯	480	公克
Garnish 裝飾		
Mushroom 蘑菇	4	個
Edamame 毛豆	40	公克
Fried spaghetti 酥炸義大利麵	12	條
Black olive sliced 黑橄欖片	4	個
Thyme 百里香	4	株
Parsley chopped 荷蘭芹碎	少許	

作法

1 草蝦去除頭部及蝦殼，蝦仁放一旁備用。蝦頭放入鍋中加水煮滾後，過濾出蝦高湯備用。

2 在鍋中用中溫溶解奶油，加入洋蔥碎、西芹碎、青椒碎、紅椒碎、番茄丁拌炒均勻。

3 加入番茄沙司、蝦高湯、蒜蓉和月桂葉拌勻，再加入麵粉拌勻。

4 煮沸後，小火慢煮濃縮約30分鐘，稍加攪拌，加入雪莉酒、青蔥碎和荷蘭芹碎及蝦仁煮約5分鐘，用鹽、紅辣椒粉調味。

5 上菜時，用圓形模具將白飯輕壓後放在盤子中央，加上幾滴路易絲安那辣椒水，四周放上蝦仁，並淋上醬汁。

6 將義大利細麵炸至金黃色；毛豆用水煮熟；蘑菇切花煎熟。

7 將三根義大利細麵立起成爲三角形，將黑橄欖切片串入，黑橄欖上放百里香，四周撒些毛豆，煎蘑菇花置中，最後撒上少許荷蘭芹碎即可。

奶油白酒燴雞

Chicken Fricassée

份量：4 份

材料

材料	數量	單位
Whole chicken 全雞（1.2公斤）	2	隻
Vegetable oil 蔬菜油	45	毫升
Flour 麵粉	50	公克
Salt and white pepper 鹽、白胡椒	適量	
Dry white wine 不甜白酒	240	毫升
Onion julienne 洋蔥絲	120	公克

材料	數量	單位
Green pepper julienne 青椒絲	40	公克
Carrot julienne 紅蘿蔔絲	40	公克
Celery julienne 西芹絲	40	公克
Garlic minced 蒜頭	25	公克
Tomato chopped 番茄碎	240	公克
Cream 鮮奶油	100	毫升
Garnish 裝飾		
Cherry tomato 小番茄	4	粒
Fresh thyme 百里香	4	株
Parsley chopped 荷蘭芹碎	20	公克

份量：4 份（約12顆）

巴尼式洋芋材料

材料	數量	單位
Potato 洋芋	225	公克
Butter, soft 軟化的奶油	20	公克
Egg yolk 蛋黃	1	個
Salt and pepper 鹽、胡椒	適量	
Nutmeg powder 豆蔻粉	0.25	公克
Truffles chopped 松露碎	3.5	公克
Toasted sliced almonds 烤好的杏仁片	30	公克
Egg 蛋	1	顆

巴尼式洋芋作法

1 將洋芋切大丁，放入大的沙司鍋中，用鹽水煮至柔軟。

2 取出滴乾，放入壓馬鈴薯器壓成泥。

3 將洋芋泥放入沙司鍋中，加入奶油、蛋黃、鹽、胡椒、豆蔻粉混合均勻，用中火加熱約3-4分鐘。加入切碎的松露和部分杏仁片攪拌均勻。待洋芋混合物冷卻後，用手揉成一顆顆圓球狀。

4 將球狀的洋芋混合物沾上蛋液，外部再沾些杏仁片，放入油鍋炸成金黃色。

作法

1 將每隻雞切成8大塊，放入容器中，加入麵粉、鹽、胡椒，用手攪拌均勻，讓雞肉表面均勻地沾上一層麵粉。

2 在大的平底鍋中加入油，開中火，雞肉下鍋油煎，有皮的一面先煎至金黃色，再翻面將另一面也煎成金黃色。將雞肉取出放在溫盤中。將平底鍋中的油去除，開大火，加入白酒煮至酒的份量濃縮至只剩一半。

3 再加入洋蔥絲、青椒絲、紅蘿蔔絲、西芹絲、蒜頭、番茄碎，小火加蓋慢煮約10分鐘。

4 加入雞肉繼續煮約20分鐘，煮至柔軟。

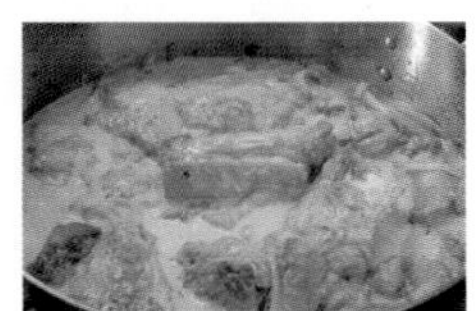

5 加入鮮奶油，煮至沙司到達適當黏稠度。

6 將雞肉放在盤中，淋上適量沙司，再擺上巴尼式洋芋、小番茄、荷蘭芹碎及百里香裝飾即可。

奶油蘑菇義大利細寬麵

Fettuccine in Creamy Mushroom Sauce

份量：4份

材料

材料	數量	單位
Fettuccine 義大利麵	500	公克
Olive oil 橄欖油	15	毫升
Onion chopped 洋蔥碎	200	公克
Garlic chopped 蒜頭碎	2	顆
Button mushrooms, halved 蘑菇切半	400	公克
Taiwan local mushroom, sliced 杏鮑菇切厚片	400	公克

材料	數量	單位
Chicken stock 雞高湯	250	毫升
Dry white wine 不甜白酒	250	毫升
Cream 鮮奶油	300	毫升
Dijon mustard 狄戎芥茉籽	30	公克
Oregano chopped 奧勒岡碎	30	公克
Salt and pepper 鹽及胡椒	適量	
Garnish 裝飾		
Red bell pepper 紅甜椒	30	公克
Fresh Thyme 新鮮百里香	4	株

作法

1 煮一鍋熱水，將義大利麵煮軟至八分熟。

2 用少許油在鍋中將裝飾用的紅椒煎熟，撒少許鹽及胡椒調味，放在一旁備用。用橄欖油炒軟洋蔥碎和大蒜碎後，加入蘑菇及杏鮑菇拌炒，大約10分鐘，直到蘑菇及杏鮑菇變軟。

3 加入雞高湯和白酒，至沸騰狀態再煮大約5分鐘，或者煮至汁液濃縮至一半，拌入鮮奶油、芥茉籽、10公克奧勒岡碎煮滾兩分鐘。

4 加入義大利麵重新加熱，加適量鹽及胡椒調味，灑上剩餘的奧勒岡。

5 將義大利麵盛入盤中，用紅甜椒及新鮮百里香裝飾即可。

昆士蘭鱸魚橙汁烏魚子

Queensland Seabass with Orange, Parsley and Mullet Roe Sauce

份量：4份

材料

材料	數量	單位
Sea bass fillet 鱸魚菲力	400	公克
Salt 鹽	適量	
White pepper 白胡椒	適量	
Shallot sliced 紅蔥頭片	40	公克
White wine 白酒	200	毫升
Orange juice 柳橙汁	200	毫升
Orange zest julienne 柳橙絲	40	公克
Mullet roe julienne 烏魚子絲	80	公克
Parsley chopped 荷蘭芹碎	20	公克
Cream 鮮奶油	60	毫升

材料	數量	單位
Olive oil 橄欖油	10	毫升
Chilli chopped 辣椒碎	5	公克
Garlic minced 蒜末	20	公克
Spinach leaves 菠菜	140	公克
Angel hair cooked 煮過的天使細麵	80	公克
Sweet bean 甜豆	100	公克
Baby corn 玉米筍	120	公克
Cherry tomato 小番茄	100	公克

作法

1 將帶皮的鱸魚菲力灑上少許鹽、白胡椒粉調味，用少許油煎熟備用。

2 醬汁：將紅蔥頭片、白酒和柳橙汁一起放入鍋中用大火煮至汁液濃縮成只剩一半。

3 再加入柳橙皮絲、烏魚子絲、荷蘭芹碎拌炒，並加入鮮奶油、鹽、胡椒調味，醬汁即完成。

4 用部分蒜末嫩炒菠菜、甜豆、玉米筍、小番茄，備用。

5 用橄欖油炒蒜末、辣椒碎及義大利細麵，以鹽、胡椒調味。

6 擺盤時用菠菜和義大利麵墊底，放上鱸魚排，旁邊加上甜豆、玉米筍、小番茄裝飾，再淋上醬汁即可。

碳烤法式春雞卷襯花生沙司

Grilled Roulade of Poussin with Thai Peanut Sauce

份量：4份

材料

材料	數量	單位
Poussin breast 法國春雞雞胸	4	個
Baby corn 玉米筍	8	枝
Red chili 紅辣椒	20	公克
Peanut 花生	20	公克
Egg 蛋	2	個
Cream 鮮奶油	80	毫升
Chicken breast 雞胸肉	300	公克
Salt 鹽	適量	
White pepper powder 白胡椒粉	適量	
Fresh beans 四季豆	100	公克
Polenta 玉米碎	80	公克
Milk 牛奶	720	毫升
Coriander chopped 香菜碎	10	公克
Shallot 紅蔥頭	10	公克
Carrot 紅蘿蔔	20	公克
Butter 奶油	60	公克
Tomato 番茄	90	公克
Olive oil 橄欖油	90	毫升
Fresh basil chopped 新鮮羅勒碎	15	公克

材料	數量	單位
Thai Peanut Sauce 泰式花生沙司		
Coriander chopped 香菜碎	10	公克
Peanut chopped 花生碎	20	公克
Chili chopped 辣椒碎	5	公克
Onion chopped 洋蔥碎	5	公克
Garlic chopped 蒜頭碎	5	公克
Peanut butter 花生醬	10	公克
Cream 鮮奶油	30	毫升
Butter 奶油	10	公克
Coconut milk 椰奶	12	毫升

作法

1 先製作泰式花生沙司，用奶油將洋蔥碎、蒜頭碎炒香，拌入辣椒碎、花生碎、花生醬調勻。再加入椰奶、鮮奶油濃縮調味，最後加香菜碎，即為泰式花生沙司。

2 製作雞慕司：用料理機將雞胸肉、蛋、鮮奶油打勻成慕司，以鹽、胡椒調味。再拌入切碎的紅辣椒，即成雞慕司。

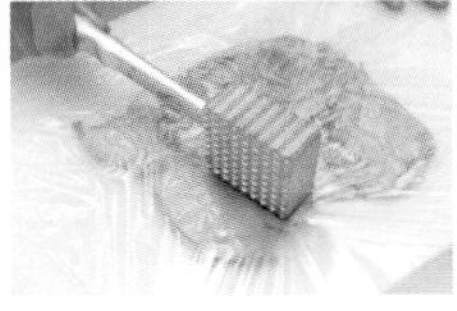

3 將法國春雞雞胸放在保鮮膜上，再覆蓋一層保鮮膜。用肉槌將法國春雞胸肉打成扁平狀。

4 拿掉雞胸肉上的保鮮膜，撒少許鹽及胡椒調味，在雞胸肉上放置調味好的慕司及燙熟的玉米筍和花生在中間，從一端開始將雞胸肉捲起來，以保鮮膜包好。

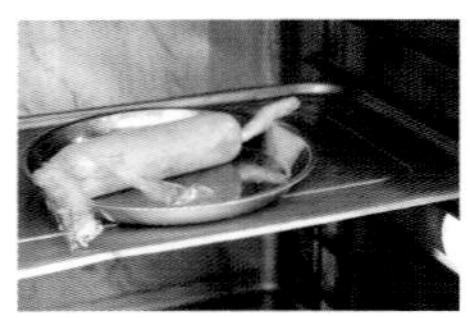

5 將春雞卷用大火蒸8分鐘蒸熟，冷卻後去除保鮮膜。

6 最後將春雞卷放在鍋子中，烤至外表呈現金黃色。

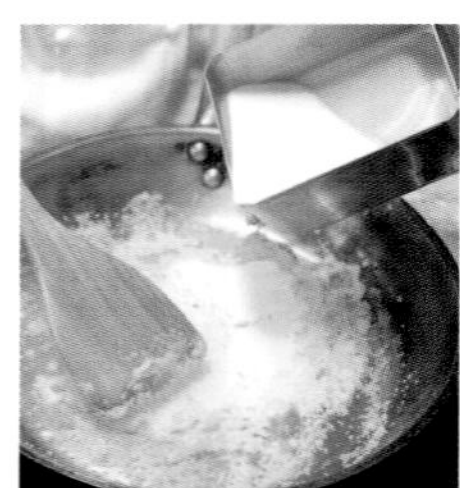

7 製作玉米糕：熱鍋，倒入橄欖油，炒香紅蔥頭、紅蘿蔔，再放入玉米碎，加入牛奶、香菜碎，加少許鹽及胡椒調味，煮到體積膨脹就熟透了，放入鋪有保鮮膜的鐵盤冷卻，切成想要的形狀。

8 在平底鍋中放少許橄欖油，放入玉米糕煎至兩面呈金黃色。

9 將四季豆放入滾水中燙熟。

10 用少許橄欖油嫩炒羅勒碎、番茄，再加入四季豆，用少許鹽及胡椒調味。

11 在盤子中央放上四季豆，上方放上切片的春雞卷，旁邊放上玉米糕及番茄，再淋上泰式花生沙司即可。

法式紅酒燴雞奶油飯

Coq Au Vin with Pilaf Rice

份量：4份

材料

材料	數量	單位
Rice 米	120	公克
Onion chopped 洋蔥碎	30	公克
Clarified butter 澄清奶油	20	公克
Bay leaf 月桂葉	2	片
Chicken stock 雞高湯	250	毫升
Parsley chopped 荷蘭芹碎	8	公克
Chicken cut in to 12 pieces 雞肉切成12塊	1	隻
Red wine 紅酒	1	瓶
Carrot chopped 紅蘿蔔碎	60	公克
Celery chopped 西芹碎	60	公克
Onion chopped 洋蔥碎	120	公克

材料	數量	單位
Clarified butter 澄清奶油	90	公克
Demi-glace 肉汁	480	公克
Mushroom diced 蘑菇丁	90	公克
Salt and pepper 鹽、胡椒	適量	
Parsley chopped 荷蘭芹碎	15	公克
Flour 麵粉	30	公克
Garnish 裝飾		
French bean 四季豆	100	公克
Baby corn 玉米筍	3	個
Cherry tomato 小番茄	6	個
Bacon diced 培根丁	80	公克
Crouton 麵包丁	40	公克

作法

1 米洗淨濾乾，鍋中放入20公克奶油炒香30公克洋蔥碎，再加入米、月桂葉1片、鹽、胡椒炒勻。

2 加入雞高湯不停地攪拌，直到快乾時蓋上鍋蓋，並放入烤箱（190°C）中烤熟。出菜時將飯翻鬆，加入8克荷蘭芹碎拌勻。

3 以紅酒、紅蘿蔔碎、西芹碎、120公克洋蔥碎、月桂葉1片、適量的鹽及胡椒來醃漬雞肉約6小時。取出雞肉，醃料及醃汁要留著備用。

4 雞肉沾上薄薄的麵粉，用90公克澄清奶油煎上色，備用。

5 把醃漬過的調味蔬菜濾出來，用煎過雞肉的鍋子炒調味蔬菜，約5分鐘後再加入醃漬汁液、肉汁，小火熬煮約20分鐘。

6 過濾出醬汁，加入煎好的雞肉及蘑菇丁，用小火煮20分鐘即可。出菜時在盤中盛入適量的飯，飯上放上雞肉，再淋上醬汁，撒上炒過的培根丁、麵包丁、15克荷蘭芹碎。

7 在水中汆燙四季豆、玉米筍、小番茄當配菜，放在雞肉上方即可。

香煎大鮭魚佐芒果莎莎及嫩炒蔬菜和香蒜洋芋

Blackened king salmon with fresh Mango Salsa, Sauteed Vegetables and Garlic whipped potatoes

份量：1份

材料

材料	數量	單位
Salmon steak (on skin) 帶皮鮭魚排	200	公克
Sweet bean 甜豆	10	公克
Red bell pepper 紅椒（切成舟狀）	10	公克
Yellow bell pepper 黃椒（切成舟狀）	10	公克
Sun dried tomato 風乾番茄	5	公克
Oil 油	30	毫升
Salt and pepper 鹽及胡椒	適量	
Cajun spice 肯郡香料	10	公克
Garlic Whipped Potato 蒜味洋芋泥		
Garlic minced 蒜末	2	公克
Potato 洋芋	40	公克
Cream 鮮奶油	10	毫升
Milk 牛奶	10	毫升
Parmesan cheese 帕美森起司粉	15	公克
Salt and pepper 鹽及胡椒	適量	

材料	數量	單位
Mango Salsa 芒果莎莎		
Lime juice 萊姆汁	8	毫升
Mango brunoise 芒果小小丁	10	公克
Coriander chopped 香菜碎	2	公克
Red chili chopped 紅辣椒碎	2	公克
Olive oil 橄欖油	8	毫升
Salt and pepper 鹽、胡椒	適量	
Garnish 裝飾		
Chinese noodle 油麵	10	公克
Nori julienne 海苔絲	5	公克
Mushroom cutting 蘑菇刻花	1	朵

作法

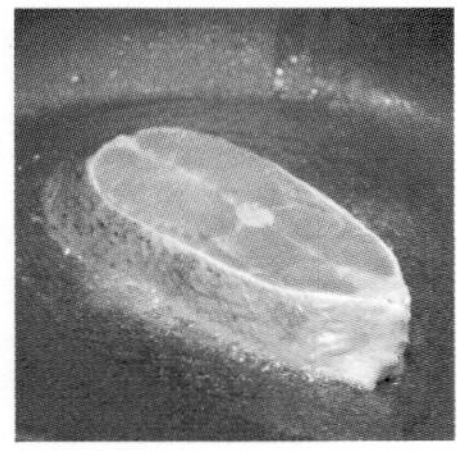

1 將鮭魚放入鍋中，用少許油煎至兩面上色，移入烤箱，以180 ° C烤約10分鐘，成為脆皮鮭魚。

2 用少許油嫩炒甜豆、紅椒、黃椒、風乾番茄，並加少許鹽及胡椒調味。

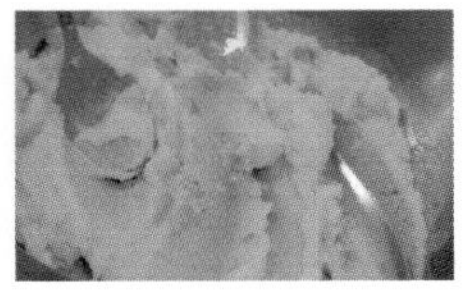

3 製作香蒜洋芋泥：將洋芋蒸熟壓成泥狀備用。在鍋中加入蒜末、鮮奶油及牛奶，煮至濃縮成原來的1/3，加入洋芋泥拌勻，並且用起司粉及鹽、胡椒調味。

4 製作芒果莎莎：將萊姆汁、芒果小小丁、香菜碎、紅辣椒碎、橄欖油一起在容器中拌勻，加少許鹽及胡椒調味。

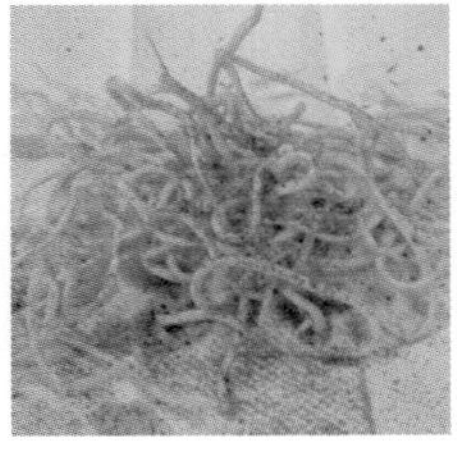

5 將油麵及海苔絲分別炸成酥脆狀，放涼備用。用少許油將蘑菇花煎熟。

6 出菜時，先將洋芋泥放在盤子中央，再將鮭魚放在洋芋泥上，淋上芒果莎莎，旁邊放上炒好的蔬菜，並用煎熟的蘑菇花、炸過的油麵及海苔絲裝飾，最後撒上肯郡香料。

深海藍斑魚排
佐蘋果甜菜碎麥·香草油醋汁

Bacon Wrapped Cod Fish with Beet- Apple Tabbouleh and Vanilla Vinaigrette

份量：8份

材 料

材料	數量	單位
Bacon 培根	8	片
Cod fish (1por./100g) 藍斑魚排（1份/100公克）	8	份
Tabbouleh 中東碎麥沙拉		
Bulghur weat 北非米	400	公克
Stock 高湯	600	毫升
Cucumber brunoise 黃瓜小小丁	50	公克
Red bell pepper brunoise 紅甜椒小小丁	70	公克
Lemon juice 檸檬汁	1	個
Olive oil 橄欖油	60	毫升
Coriander chopped 香菜碎	30	公克
Parsley chopped 荷蘭芹碎	45	公克
Mint leave chopped 薄荷葉	30	公克
Apple brunoise (1Ea) 蘋果小小丁（1顆）	70	公克
Beet brunoise 甜菜小小丁	40	公克
Salt and pepper 鹽及胡椒	適量	

材料	數量	單位
Vanilla Vinaigrette 香草油醋汁		
Grape juice 葡萄汁（濃縮1/2）	80	毫升
Honey 蜂蜜	5	毫升
Vanilla bean 香草豆莢	1	個
Mint leave chopped 薄荷葉碎	1	公克
Sesame oil 芝麻油	3	毫升
Grape seed oil 葡萄籽油	40	毫升
Salt and pepper 鹽及胡椒	適量	
Garnish 裝飾		
Leek julienne 青蒜絲（炸過）	80	公克

作 法

1 先製作碎麥沙拉，用高湯浸泡北非米約5-10分鐘左右，或至北非米鬆軟爲止，濾乾，加入小黃瓜、紅椒、蘋果（先泡檸檬水）、甜菜、香菜、荷蘭芹、薄荷葉、檸檬汁、橄欖油，再加鹽、胡椒調味，拌勻即成爲中東碎麥沙拉。

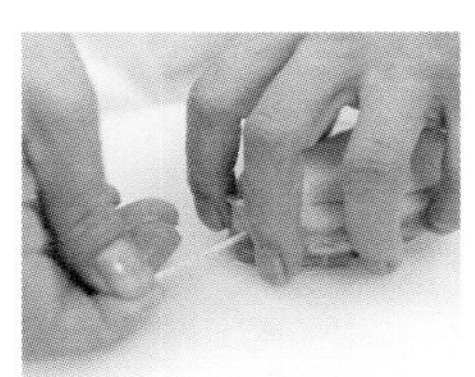

2 將藍斑魚排周圍用培根包好，以牙籤固定，用少許鹽及胡椒調味。

3 將魚排放入鍋中煎至表面輕微上色，再放進已預熱的烤箱中將魚排烤熟備用。

4 在鋼盆中放入濃縮至一半的新鮮葡萄汁、蜂蜜、香草豆莢（用小刀剝開刮出香草籽）、薄荷葉碎、芝麻油、葡萄籽油、鹽、胡椒一起打勻，即成香草油醋汁。在盤子中央放上中東碎麥沙拉，再放上藍斑魚排，魚排上放少許炸青蒜絲，沙拉及魚排周圍淋上一些香菜油醋汁即可。

里昂式龍蝦汁魚丸

Quenelles De Brochet A La Lyonnaise Sauce Nantua

份量：4 份

材 料

材料	數量	單位
Pike fresh or sea bass 梭魚或鱸魚（先打成魚漿）	400	公克
Scallop 干貝	12	粒
Flour 麵粉	125	公克
Egg yolk 蛋黃	4	個
Melted butter 軟化的奶油	90	公克
Egg white 蛋白	4	個
Salt and pepper 鹽和胡椒	適量	
Nutmeg powder 豆蔻粉	2	公克
Boiling milk 煮沸牛奶	25	公克

材料	數量	單位
Nantua sauce 龍蝦海鮮沙司	4	份
Chicken stock (For the Poach) 雞高湯（低溫泡煮）	600	毫升
Carrot timbales 奶油紅蘿蔔天巴利塔	4	份
Parsley chopped 荷蘭芹碎	5	公克
Garnish 裝飾		
Carrot pearls 胡蘿蔔珍珠球	8	顆
Beet brunoise 甜菜根小小丁	8	顆
Potato pearls 洋芋珍珠球	8	顆
Mushroom cutting 蘑菇刻花	4	朵
Fresh thyme 新鮮百里香	8	支

奶油紅蘿蔔天巴利塔材料

材料	數量	單位
Carrot, peeled 紅蘿蔔去皮	450	公克
Butter 奶油	5	公克
Chicken broth 雞高湯	240	毫升
Salt 鹽	2.5	公克
Nutmeg powder 豆蔻粉	1	公克
Egg 蛋	2	個
Egg white 蛋白	2	個
Cream 鮮奶油	120	毫升

龍蝦海鮮沙司材料

材料	數量	單位
Crayfish bisque 龍蝦湯（請參照p.105的作法）	100	毫升
Beurre blanc 白酒奶油沙司（請參照p.83的作法4）	100	毫升
Butter 奶油	10	公克

奶油紅蘿蔔天巴利塔作法

1 將紅蘿蔔切成小丁。

2 將紅蘿蔔丁、奶油、雞高湯和鹽一起放入鍋中煮，濃縮至汁液快乾爲止。

3 將煮好的紅蘿蔔放入食物調理機中打勻，並加入豆蔻粉調味。將蛋、蛋白、鮮奶油加入紅蘿蔔混合物中拌勻。

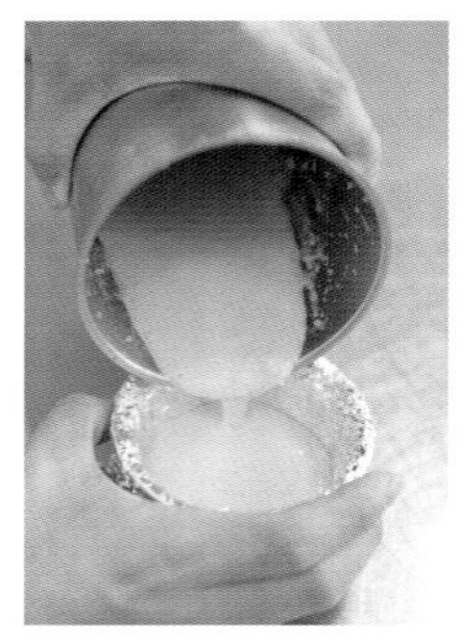

4 將拌勻的混合物倒入抹有奶油的模型中。

5 將模型放入已預熱的烤箱中，以200°C烤20分鐘，或烤到混合物呈堅挺狀。

龍蝦海鮮沙司作法

1 將100毫升龍蝦湯加熱濃縮至一半，然後加入白酒奶油沙司混合均勻，再加入軟化的奶油，攪拌至奶油融化並混合均勻即可。

作法

1 在鍋子中加入麵粉、軟化的奶油、鹽、胡椒和豆蔻粉，混合均勻。

2 慢慢倒入25毫升的牛奶，煮沸後約5分鐘，離火。

3 加入蛋黃，用攪拌器打勻，放至冷卻。

4 將冷卻的混合麵糊倒入料理機中，並加入干貝與梭魚漿（或鱸魚漿）拌勻。

5 再加入打發的4顆蛋白（用刮刀），再一次輕輕地拌勻，並再加入鹽、胡椒調味，放入冰箱保存。

6 用兩支大湯匙塑出丸子，一顆丸子約60公克，以煮沸的雞高湯燙丸子約5分鐘，撈起丸子放在餐巾上。

7 放置三個丸子在焗烤盤中，再放上奶油紅蘿蔔天巴利塔，以及煮熟的洋芋珍珠球、胡蘿蔔珍珠球、烤熟的甜菜根、煎熟的蘑菇花，撒上荷蘭芹碎，再用百里香裝飾，最後在丸子上淋上熱的龍蝦海鮮沙司即可。

碳烤紅鮪魚襯哇沙米奶油沙司

Char Grilled Red Tuna with Wasabi Cream Sauce

份量：1份

材料

材料	數量	單位
Red tuna loin 紅鮪魚	180	公克
Green asparagus 綠蘆筍	100	公克
Olive oil 橄欖油	6	毫升
Fresh coriander 新鮮香菜	2	公克
Wasabi powder 哇沙米	2	公克
Black olives 黑橄欖	2	顆
Salt 鹽	2	公克
White pepper powder 白胡椒粉	2	公克
Red bell pepper 紅甜椒	5	公克
Yellow bell pepper 黃甜椒	5	公克
Cherry tomato 小番茄	1	顆
Butter 奶油	20	公克
Green onion 青蔥	10	公克

材料	數量	單位
Cream 鮮奶油	6	公克
Lemon juice 檸檬汁	10	公克
White wine 白酒	3	毫升
Thyme 百里香	2	公克
Bay leaves 月桂葉	2	公克
Black peppercorn whole 黑胡椒粒	2	公克
The Pasta Dough 麵糰		
Pommery mustard 芥末籽醬	15	公克
Egg 蛋	1	個
Salt 鹽	2.5	公克
Flour 麵粉	70	公克
Water 水	30-60	毫升
Black olives 黑橄欖	20	公克
Olive oil 橄欖油	10	毫升
Garnish 裝飾		
Thyme 百里香	1	株

作法

1 將2顆黑橄欖切丁備用。

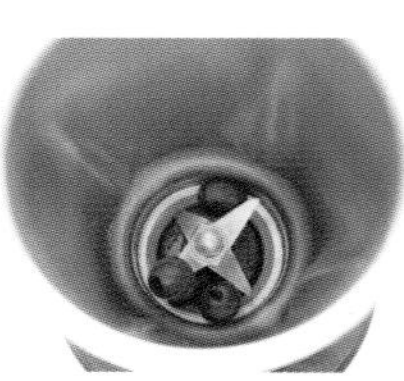

2 將黑橄欖放入料理機中打成黑橄欖泥。

3 製作麵糰：將芥末籽醬、黑橄欖泥、橄欖油、蛋、鹽、麵粉及水加在一起，揉成均勻的麵糰，靜置一個小時後，用擀麵棍擀成薄片，再切成細寬麵。

4 在鍋中，放入青蔥、白酒、鮮奶油、黑胡椒粒、月桂葉、百里香。

5 開火煮到濃縮成爲稠狀。

6 加入奶油調味。

7 將哇沙米粉用少許水調呈糊狀，再和檸檬汁一起加入沙司中拌勻熄火，用篩網過濾出醬汁，並將黑橄欖切碎放入醬汁中拌勻。

8 在碳烤鍋中將鮪魚兩面煎烤至熟，撒上鹽及胡椒調味。紅甜椒及黃甜椒也一併烤熟。

9 用少許水將蘆筍煮熟。

10 將做好的麵放入滾水中煮熟，撈起瀝乾水分。

11 在鍋中用橄欖油炒麵條，並加些許醬汁調味。

12 將麵條放在盤子中央，再將烤好的鮪魚放在麵上，放上紅甜椒、黃甜椒、蘆筍及小番茄，再淋上一些醬汁，放上百里香裝飾即可。

德式豬肉腸佐酸菜
German Pork sausage with Sauerkraut

份量：4-5 份

材料

材料	數量	單位
Pork Hock, belly 豬前腳肉	600	公克
Pork neck 豬頸肉	400	公克
Ice cube 冰塊	250	公克
Salt 鹽	22	公克
Salt Petre 硝鹽	0.2	公克
Pepper 胡椒粒	7	公克
Nutmeg 豆蔻	4	公克
Turmeric powder 鬱金香粉	1	公克
Cardamon powder 小豆蔻粉	1	公克
Lemon zest chopped 檸檬原色皮碎	0.5	公克
Onion 洋蔥	20	公克
Garlic 蒜	2	公克
Pork casings 豬腸衣	4	公克

材料	數量	單位
Braised Sauerkraut 燜煮酸菜		
Cabbage julienne 高麗菜絲	400	公克
Onion julienne 洋蔥絲	3	公克
Bacon julienne 培根絲	100	公克
Sugar 糖	40	公克
Chicken stock 雞高湯	1	公升
Salt and pepper 鹽、胡椒	適量	
Sachet 香料包	適量	
Pepper 胡椒粒	適量	
Bay leave 月桂葉	2	個
Juniper berries 杜松子	6	個
Clove 丁香	2	個
Garnish 裝飾		
Tourneing carrot 紅蘿蔔（切橄欖狀）	4-5	個
Tourneing cucumber 黃瓜（切橄欖狀）	8-10	個
Leek julienne 蔥絲	少許	
polenta 玉米糕（參考p. 158的作法 7-8）	12-15	片

燜煮酸菜作法

1 洗淨高麗菜絲。將培根放入鍋中煎出油份後加入洋蔥絲嫩炒。

2 加入高麗菜、高湯及所有製作燜煮酸菜的調味料。

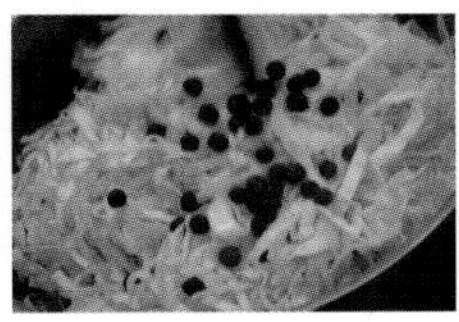

3 以小火慢煮約30-45分鐘即可。

作 法

1 將兩種豬肉切成小方塊。

2 把豬肉、冰塊、鹽、硝鹽、胡椒、豆蔻、鬱金香粉、小豆蔻粉、蒜、洋蔥、檸檬原色皮碎一起放入絞碎機充分混合打勻，切記溫度不可超過12°C，否則黏度會變差。

3 在鋼盆中隔著冰水用力摔打肉泥。

4 將肉泥裝入擠花袋內，灌入豬腸衣中，依喜好的長度將豬肉腸用繩子綁成一節一節的。

5 用耐熱保鮮膜將豬肉腸包裹定型，水煮或蒸8分鐘至熟。

6 蒸熟後去除保鮮膜，再煎至上色。

7 在盤子中央放上適量燜煮酸菜，再放上煎好的豬肉腸，豬肉腸上放少許蔥絲，盤子旁邊放上玉米糕、胡蘿蔔及黃瓜裝飾即可。

摩洛哥小羊膝

Moroccan Lamb Shanks with Polenta and White Beans

份量：6份

材料

材料	數量	單位
Dried haricot bean 扁豆	300	公克
Lamb shank 羊膝	6	份
Flour 麵粉	35	公克
Cloves crushed 丁香碎	0.5	公克
Garlic chopped 蒜碎	2	公克
Olive oil 橄欖油	15	毫升
Red onions chopped 紅洋蔥碎	340	公克
Ground cumin 大茴香	10	公克
Cardamom chopped 薑碎	2	公克
Lemon zest chopped 檸檬原色皮碎	10	公克
Lemon juice 檸檬汁	80	毫升

材料	數量	單位
Cans tomato 罐頭番茄	800	公克
Beef stock 牛肉高湯	625	毫升
Tomato paste 番茄糊	70	公克
Water 熱水	750	毫升
Milk 牛奶	750	毫升
Polenta 玉米碎	340	公克
Parsley chopped 荷蘭芹碎	70	公克
Coriander leaves chopped 胡荽碎	70	公克
Salt and pepper 鹽、胡椒	適量	
String bean sliced 四季豆（煮熟切薄片）	30	公克
Thyme 百里香	12	支

作法

1 在大碗中放入冷水掩蓋過扁豆，浸泡整晚再濾乾。

2 把6個羊膝沾上25公克的麵粉，再把多餘的麵粉拍掉，將羊膝放在平底鍋中用橄欖油煎至上色。

3 加入紅洋蔥碎、蒜碎及薑碎拌炒直到軟化，再加入丁香碎及大茴香煮2分鐘或至散發香味。

4 加入扁豆、檸檬絲、檸檬汁、罐頭番茄、牛肉高湯、番茄糊和10公克麵粉攪拌後煮滾，煨50分鐘左右，直到羊膝和扁豆軟化，以鹽、胡椒調味。

5 在平底鍋裡放入熱水和熱牛奶，再加入玉米碎煮15分鐘或煮到液體收乾或是玉米糕軟化。

6 將玉米糕放入盤中，再放上小羊膝，灑上荷蘭芹碎和胡荽碎，旁邊撒上煮熟的四季豆丁及放上百里香裝飾即完成。

燒烤豬肋排

B.B.Q Spare Ribs

份量：6份

材料

材料	數量	單位
pork spare rib 豬肋排（約6塊豬肋排）	1.5	公斤
Carrot pearl 珍珠紅蘿蔔	5	公克
Baby corn 玉米筍（切丁）	2	支
Bean 豌豆	20	公克
Braised Sauerkraut 燜煮酸菜		
Cabbage julienne 高麗菜絲	450	公克
Onion julienne 洋蔥絲	3	公克
Bacon julienne 培根絲	120	公克
Sugar 糖	30	公克
Chicken stock 雞高湯	1	公升
Sachet 香料包		
Black peppercorns 胡椒粒	適量	
Bay leave 月桂葉	2	片
Juniper berries 杜松子	6	個
cloves 丁香	2	個
Vinegar 醋	150	毫升
Salt and pepper 鹽、胡椒	適量	

材料	數量	單位
B.B.Q Sauce（沙司）		
Ketchup 番茄醬	2	公斤
Worcestershire sauce 梅林辣醬油	適量	
Honey 蜂蜜	40	毫升
Brown sugar 紅糖	50	公克
Apricot jam 杏桃醬	65	公克
White vinegar 白醋	80	毫升
Tabasco 辣椒水	7	毫升
Ginger chopped 薑碎	25	公克
Chili chopped 辣椒碎	20	公克
Black pepper 黑胡椒	5	公克
Salt 鹽	5	公克
Dijon mustard 法式迪戎芥末	5	公克
Stock 高湯	150	毫升
Garlic chopped 蒜碎	3.5	公克
Soy sauce 醬油	65	毫升

作法

1 將豬肋排分切成每片200-250公克重，豬肋排用燜煮酸菜及香料包的材料滷至軟爲止。

2 豬肋排放在湯汁中浸泡一晚，放涼備用。

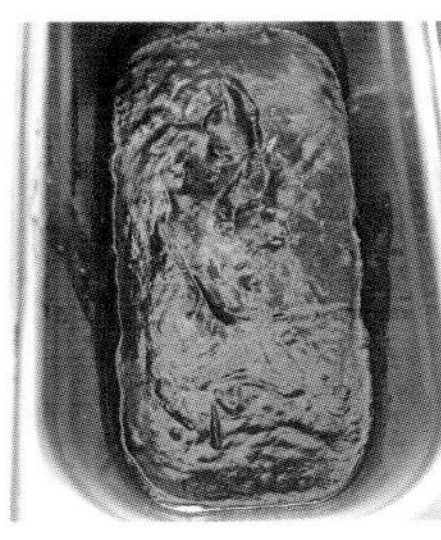

3 將B.B.Q.沙司的各項材料充分混合，約煮15-20分鐘，放冷備用。

4 以適量的B.B.Q.沙司，均勻地塗於豬肋排表面四周。

5 將豬肋排放入烤爐中小火慢烤，隔幾分鐘就在豬肋排上再塗一次B.B.Q.沙司，共塗抹六次左右。

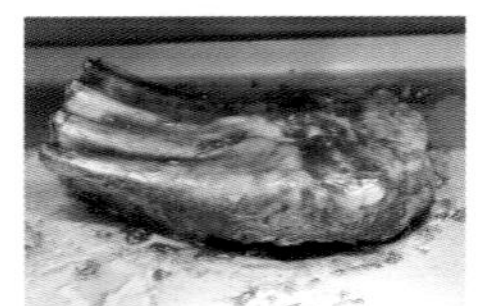

6 烘烤45分鐘後，將豬肋排翻面，繼續烘烤30-40分鐘，直到入味。

7 用少許油炒熟珍珠紅蘿蔔、玉米筍丁及豌豆。取適量燜煮酸菜放在盤子中央，上面放上烤好的豬肋排，旁邊放上一些炒好的珍珠紅蘿蔔、玉米筍及豌豆，最後淋上一些B.B.Q.沙司即可。

鱈魚襯糖漬辣味番茄、番紅花、菊苣、節瓜

Blue eye cod, chilli tomato compote, saffron sauce, braised endive and zucchini

份量：6份

材料

材料	數量	單位
180g blue eye cod fillets (skinless, boneless) 藍眼鱈魚（180公克，去皮、去骨）	6	份
Flour 麵粉	60	公克
Clarified butter 澄清奶油	120	毫升
Salt and pepper 鹽、胡椒	適量	
Zucchini (Green) 節瓜	2	中型
Zucchini (Yellow) 節瓜	2	中型
Saffron Beurre Blanc 番紅花奶油醬汁		
Shallot 紅蔥頭	5	公克
White wine 白酒	40	毫升
Cream 鮮奶油	30	毫升
Saffron threads 番紅花（絲）	0.5	公克
Stock 高湯	40	毫升
Salt and pepper 鹽及胡椒	適量	
Chili and Mustard Seed Sauce 辣味芥末		
Peanut oil 花生油	30	毫升
Black or brown mustard seed 黑芥末籽或棕色芥末籽	30	公克
Red chili sliced 紅辣椒片	45	公克
Ginger, peeled and julienne 生薑去皮切細絲	60	公克
Garlic thinly sliced 蒜片	2	顆
Palm sugar 棕櫚糖	60	公克
Thai fish sauce 魚露	30	毫升
Lime juice 萊姆汁	30	毫升

材料	數量	單位
Braised Endive 燜比利時生菜（菊苣）		
Olive oil 橄欖油	10	毫升
Endive 比利時生菜（菊苣）	2	株
White wine 白酒	120	毫升
Sugar 糖	30	公克
Bacon diced 培根丁	60	公克
Onion 洋蔥	60	公克
Salt and pepper 鹽及胡椒	適量	
Garnish 裝飾		
Deep fried ginger julienne 炸薑絲	50	公克
Deep fried chilli julienne 炸辣椒絲	50	公克
Bacon 培根	10	公克
Coriander 香菜	30	公克
Oven-roasted tomato halves 烤過的番茄	3	個

作法

1 先製作番紅花奶油醬汁，番紅花絲用少許白酒浸泡一下。將紅蔥頭、剩餘的白酒一起煮至汁液濃縮成一半，再加入浸泡白酒的番紅花絲及白酒，以及高湯，混合均勻後再煮至汁液濃縮成只剩一半，用網篩過濾出汁液，加入鮮奶油、鹽、胡椒拌勻，即成爲番紅花奶油醬汁。

2 製作辣味芥末沙司：將花生油倒入鍋中加熱，加入芥末煮2-3分鐘後，再加入紅辣椒片、生薑、蒜片煮約2分鐘，最後加棕櫚糖、魚露、萊姆汁拌勻，過濾後即爲辣味芥末沙司。

3 先將碳烤爐加熱，將魚切片塗抹麵粉，然後抖落多餘的麵粉，刷上90毫升澄清奶油，灑上鹽、胡椒調味，將魚烤約8分鐘成爲金黃色。

4 去掉節瓜頭尾，切絲，在鍋中加入30毫升澄清奶油，嫩煎節瓜直到變軟，最後加入鹽、胡椒調味。

5 依127頁作法4製作燜比利時生菜（菊苣）。

6 將節瓜擺在盤子中間，放上燜比利時生菜（菊苣），然後將魚擺在上面，淋上番紅花奶油醬汁在四周圍，撒上烤過並切成小丁的培根，再將一片烤過的番茄放在魚上，放上一點香菜葉、炸薑絲、炸辣椒絲，最後再淋上辣味芥末沙司即可。

碳烤牛排佐綠胡椒汁
襯普羅旺斯番茄・安娜洋芋

Beef Tenderloin with Green Pepper Sauce, Tomato Provencale and Anna Potato

份量：2份

材 料

材料	數量	單位
Beef tenderloin 牛菲力	320	公克
Onion chopped 洋蔥碎	20	公克
Shallot chopped 紅蔥頭碎	5	公克
Garlic minced 蒜碎	1	公克
Green pepper corn 綠胡椒粒	5	公克
Red wine 紅酒	50	毫升
Gravy 肉骨汁（參照p.192的作法）	90	毫升
Cream 鮮奶油	50	毫升
Butter 奶油	10	公克
Salt and pepper 鹽及胡椒	適量	
Asparagus 蘆筍	6	枝

材料	數量	單位
Tomatoes Provencale 普羅旺斯番茄		
Tomatoes 桃太郎小番茄	4	顆
Breadcrumbs 麵包屑	22.5	公克
Garlic, finely chopped 蒜碎	1	顆
Parsley chopped 荷蘭芹碎	7.5	公克
Salt and pepper 鹽及胡椒	適量	
Olive oil 橄欖油	15	毫升
Butter 奶油	少許	
Anna Potatoes 安娜洋芋		
Baking potatoes, sliced thin 烤洋芋，切薄片	100	公克
Clarified butter 澄清奶油	35	公克
Gruyére cheese, grated 葛瑞亞起司碎	30	公克
Parsley, chopped 荷蘭芹碎	2	公克
Salt 鹽	1	公克
Black pepper, fresh ground 黑胡椒粗碎	0.6	公克

普羅旺斯番茄作法

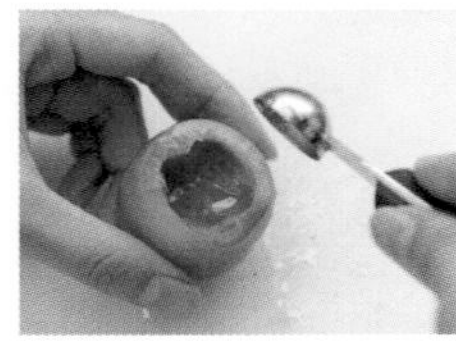

1 將番茄洗淨，切去頂部蒂頭處，用小湯匙或挖球器挖除中間籽的部分。再用刀子將番茄底部切掉一點，以便將番茄直立擺放。

2 在熱鍋中用橄欖油拌炒麵包屑、蒜末、荷蘭芹碎，並加鹽、胡椒調味，拌炒均勻後，形成脆脆的混合物，將其鑲入番茄內。

3 將鑲好的番茄放在塗了奶油的烤盤上，放入烤箱，用175°C烤至番茄柔軟爲止。

安娜洋芋作法

1 不需要將洋芋放入水中，這樣會使洋芋的澱粉質流失。先將洋芋切片備用。在中型炒鍋中開大火，圍繞鍋子排好洋芋片，在四周刷上澄清奶油略煎一下。

2 把洋芋片移到烤盤，上面加入起司碎、荷蘭芹碎、鹽、胡椒。

3 將洋芋片放入烤箱中，以200°C烤約20分鐘左右，直到洋芋片柔軟，起司融化成金黃色。

作　法

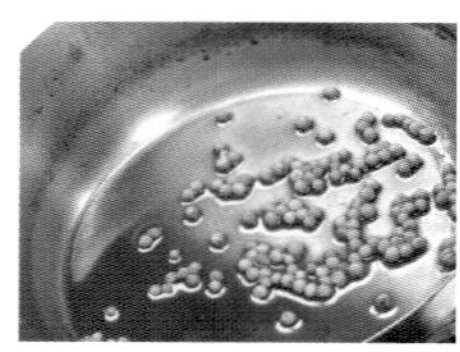

1 將綠胡椒粒和紅酒放入鍋中略煮，讓其濃縮。

2 在另一鍋中用奶油嫩炒洋蔥、紅蔥頭、蒜頭。

3 加入肉骨汁，再加入紅酒綠胡椒汁，以鹽、胡椒調味，即成爲紅酒沙司。

4 將牛菲力在碳烤爐上烤至適當熟度。

5 將安娜洋芋放在盤子中央，再放上烤好的牛排，擺上已煮熟的蘆筍，旁邊放上普羅旺斯番茄，最後淋上紅酒沙司即完成。

羅西尼鵝肝菲力牛排
佐馬爹拉沙司
襯伯爵夫人洋芋・都伯利白花菜

Beef Tournedos Rossini with Madeira Sauce Duchesse Potato and Cauliflower Dubarry

份量：6份

材料

材料	數量	單位
Cauliflower Dubarry 都伯利白花菜		
Artichoke 底部的朝鮮薊	6	個
Cauliflower 白花菜	840	公克
Hollandaise sauce 荷蘭汁	300	毫升
Duchesse Potato 伯爵夫人洋芋		
Potato cube 洋芋塊	3000	公克
Butter 奶油	180	公克
Nutmeg 豆蔻	適量	
Egg 蛋	6	個
Egg yolk 蛋黃	12	個
Cream 鮮奶油	180	毫升
Salt and pepper 鹽及胡椒	適量	
Beef Tournedos Rossini 羅西尼鵝肝菲力牛排		
Beef tenderloin 牛菲力	720	公克
Fresh goose liver 新鮮鵝肝	720	公克
Salt and pepper 鹽及胡椒	適量	
Butter 奶油	180	公克
Sliced truffle 黑松露片	6	片
Crouton 麵包片	6	片

材料	數量	單位
Madeira Sauce 馬爹拉沙司		
Shallot chopped 紅蔥頭碎	48	公克
Madeira wine 馬爹拉酒	180	毫升
Demi-glace 肉骨汁	360	毫升
Salt and pepper 鹽及胡椒	適量	
Diced hard butter 硬奶油丁	30	公克
Garnish 裝飾		
Asparagus 蘆筍（燙熟）	3	枝
Cherry tomato 小番茄	6	粒
Parsley chopped 巴西里碎	2	公克

肉骨汁材料

材料	數量	單位
Red Wine 紅酒	20	毫升
Water 水	1.5	公升
Mirepoix (Carrot, Celery, Onions) 調味蔬菜（紅蘿蔔、西芹、洋蔥）	100	公克
Bay leaves 月桂葉	2	公克
Sage 鼠尾草	2	公克

材料	數量	單位
Thyme 百里香	2	公克
Salt and pepper 鹽及胡椒	適量	
Beef bones 牛骨	500	公克
Flour 麵粉	100	公克
Butter 奶油	80	公克
Tomato paste 番茄糊	50	公克

※註：Mirepoix ➪ 洋蔥：西芹：紅蘿蔔＝2：1：1

荷蘭汁材料

材料	數量	單位
White wine 白酒	150	毫升
Lemon juice 檸檬汁	30	毫升
Salt and pepper 鹽及胡椒	適量	

材料	數量	單位
Egg yolk 蛋黃	6	個
Unsalted clarified butter 無鹽澄清奶油	600	公克
Warm water 熱水	50	毫升

肉骨汁作法

1 以烤爐烤牛骨（雞骨或羊骨皆可）和調味蔬菜直到金黃色。

2 鍋中加入番茄糊，炒至無酸味後，加入月桂葉、鼠尾草、百里香、紅酒，濃縮至1/2，加入烤好的牛骨及調味蔬菜、一部分的水，煮至沸騰，轉小火慢煮。

3 將麵粉和奶油放入另一鍋中拌炒製作麵糊，煮約8-10分鐘。

4 牛骨、調味蔬菜、番茄糊等在熬煮過程中分次加入剩餘的水，熬煮約5-8小時，用篩網過濾出湯汁，倒入作法3的麵糊中。

5 用攪拌器拌匀，並加鹽和胡椒調味，即成為肉骨汁。

荷蘭汁作法

1 將白酒、檸檬汁、 鹽和胡椒放入鍋中略煮使汁液濃縮，放涼備用。

2 把蛋黃放入鋼盆內，加入白酒及檸檬汁濃縮液，隔著熱水用攪拌器打發，慢慢加入澄清奶油，打至像美乃滋一樣，即成爲荷蘭汁。

作　法

1 將白花菜煮熟，切成小朵，放入朝鮮薊裡，淋上荷蘭汁烤至上色，即成爲都伯利白花菜。

2 製作伯爵夫人洋芋，先將洋芋塊煮熟濾乾過篩，加入奶油、鹽、胡椒、豆蔻、鮮奶油攪拌均匀，趁還有溫度時加入蛋、蛋黃攪拌，成爲洋芋泥。

3 將洋芋泥裝入擠花袋，在烤盤上擠成花樣 ，放入烤箱（190 ° C）烤成金黃色。

4 牛菲力以鹽、胡椒調味，用奶油煎至所需的熟度，備用。

5 熱鍋中用奶油煎鵝肝，上色即可。

6 製作馬爹拉沙司，先在鍋中將紅蔥頭碎加馬爹拉酒、硬奶油丁煮至汁液濃縮。

7 快乾時再加肉骨汁濃縮至3/4，加鹽、胡椒調味，即成爲馬爹拉沙司。

8 將麵包片烤至微黃，放盤子中間墊底，將菲力置於其上，接著放上鵝肝，淋上馬爹拉沙司，再放上黑松露，旁邊放上都伯利白花菜及伯爵夫人洋芋當配菜，再放上切半的蘆筍及小番茄，撒上巴西里碎即可。

甜點

豆漿布雷蘋果襯香茅冰淇淋

Apple-Soy Milk Créme Brulee with Lemon Grass Ice Cream

份量：6份

材料

材料	數量	單位
Ice Cream 冰淇淋		
Milk 牛奶	40	毫升
Cream 鮮奶油	40	毫升
Egg yolk 蛋黃	2	個
Sugar 細砂糖	10	公克
Lemon grass chopped 香茅碎	1	株
Garnish 裝飾		
Banana leaf 香蕉葉	1	葉
Confectioner's sugar 糖粉	適量	
Lemon grass 檸檬香茅	6	枝
Vanilla bean 香草豆莢	3	枝
Orange zest chopped 香橙原色皮碎	30	公克

材料	數量	單位
For the Apple Créme Brulee 豆漿布雷蘋果盅		
Apple 蘋果	6	個
Soy milk 豆漿	160	公克
Cream 鮮奶油	160	公克
Sugar 細砂糖	30	公克
Vanilla bean 香草豆莢	1	枝
Cinnamon powder 玉桂粉	1	公克
Egg yolk 蛋黃	2	個
Milk 牛奶	80	毫升

香茅冰淇淋作法

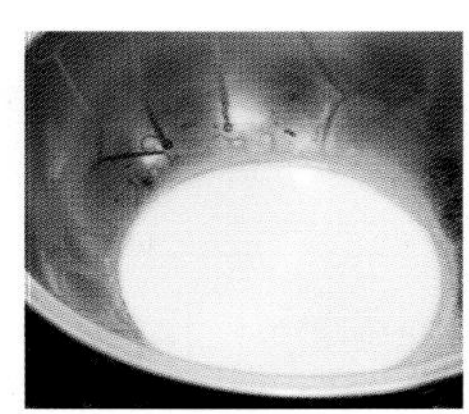

1 將牛奶和鮮奶油放入鋼盆中，以中火煮沸，再改用小火慢煮濃縮。

2 在另一個鋼盆中將蛋黃和細砂糖打勻。

3 將1/3的熱鮮奶油慢慢地沖入蛋液中打勻，再將剩餘的熱鮮奶油也加入打勻，再加入香茅碎，並放在爐上用中火加熱，並用耐熱橡皮刮刀或木匙持續攪拌，當濃稠度達到可包住橡皮刮刀或木匙時即可熄火並過篩，隔冰水急速冷卻，再放入冰淇淋機中製成冰淇淋。

豆漿布雷蘋果盅作法

1 烤箱先以170°C預熱。將蘋果切去頂部（放一旁備用），用挖球器將果肉挖出，變成盅型。在鍋盆中放入豆漿及1/3的牛奶、香草豆莢、玉桂粉及細砂糖，用小火煮開即可。

2 將蛋黃打勻，倒入剩餘的牛奶中攪拌均勻，並加入鮮奶油拌勻。

3 用鋁箔紙將蘋果盅包好。將作法1的豆漿及牛奶與作法2的蛋黃、牛奶、鮮奶油混合均勻，用篩網過濾，然後倒入蘋果盅中。

4 將蘋果盅放入烤箱中，以160°C烤90分鐘。

5 將蘋果盅放入冰箱冷藏，隔天取出，在表面撒些糖粉，將原本切下的蘋果頂部放在旁邊，用瓦斯噴槍燒烤至表面微焦上色。

6 把一片香蕉葉剪成6個圓形，擺在盤中墊底，再放上蘋果盅，蘋果盅上放一球香茅冰淇淋，用一枝檸檬香茅、半根香草豆莢及香橙原色皮碎裝飾。

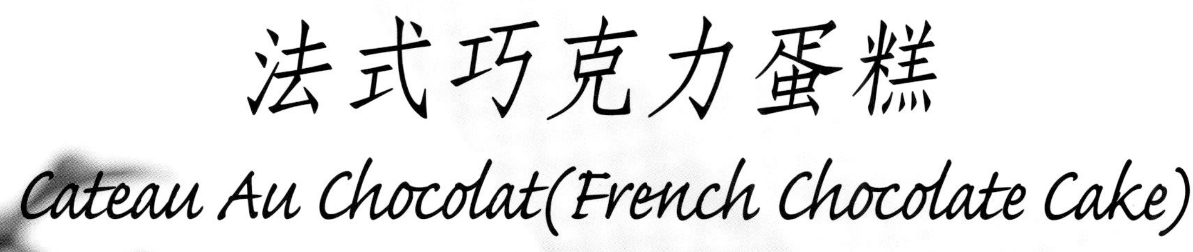

法式巧克力蛋糕

Cateau Au Chocolat(French Chocolate Cake)

份量：4 吋模型 6-8 個

材 料

材料	數量	單位
Butter 奶油	100	公克
Bittersweet chocolate 苦甜巧克力	50	公克
Egg yolk 蛋黃	3	個
Egg 蛋	1	個
Sugar 細砂糖	5	公克
Egg white 蛋白	100	公克
Sugar 細砂糖	50	公克
Cake flour 低筋麵粉	50	公克
Coconut powder 椰子粉	50	公克
Coconut flakes 粗椰子絲	適量	

材料	數量	單位
Chocolate Ganache 巧克力淋醬		
Milk 牛奶	240	公克
Cream 鮮奶油	120	公克
Sugar 細砂糖	80	公克
Malt sugar 麥芽糖	80	公克
Bittersweet chocolate 苦甜巧克力	400	公克
Garnish 裝飾		
Strawberry 草莓	3-4	顆
Red currant 紅醋栗	12-14	粒
Goose berry 鵝莓	6-8	粒
Mint leave 薄荷葉	6-8	株

作 法

1 將苦甜巧克力先放入鋼盆中，以隔水加熱方式融化後，再加入奶油繼續攪拌至全部融化，熄火後將鋼盆移至一旁備用。

2 低筋麵粉過篩後加入椰子粉拌勻備用。

3 將蛋黃和蛋放入攪拌缸中攪拌約1分鐘。之後加細砂糖（5公克）打發至白色稠狀（用噴火槍在缸下直接加熱即可加速打發）。趁熱倒入巧克力混合液中拌勻。

4 接著將1/2的低筋麵粉和椰子粉加入拌匀。

5 蛋白先入攪拌缸中攪打約1分鐘，將細砂糖（50公克）的1/3加入後繼續攪打，約3分鐘後再加入剩餘2/3的細砂糖，打至堅硬狀。將1/3的打發蛋白加入作法4中，用橡皮刮刀拌匀，再倒回剩餘的2/3打發蛋白中，用橡皮刮刀拌匀，最後加入剩餘的1/2低筋麵粉和椰子粉拌匀。

6 圓型模具用鋁箔紙包住底部後，將蛋糕液倒入模具約2/3滿。

7 在蛋糕表面灑上粗椰絲，放入已先預熱的烤箱中，以上火210°C、下火130°C烤28分鐘後，從烤箱取出放涼脫模。

8 將製作巧克力淋醬的牛奶、鮮奶油、細砂糖、麥芽糖放在鍋中煮至80°C，加入苦甜巧克力煮至融化即可。將巧克力淋醬淋在蛋糕體上，最後以半顆草莓、兩粒紅醋栗、一株薄荷葉、一粒鵝莓裝飾即可。

檸檬蛋白霜派
Lemon Meringue Pie

份量：9吋菊花派盤2份

材料

材料	數量	單位
Pie Pastry 派皮		
Sifted all-purpose flour 過篩的中筋麵粉	312	公克
Butter 奶油	100	公克
Egg 蛋	1	個
Salt (optional) 鹽	少許	
Ice water 冰水	10-20	毫升
Garnish 裝飾		
Mint leave 薄荷葉	2	朵
Cocoa powder 可可粉	少許	

材料	數量	單位
Custard Filling 格斯餡		
Vanilla powder 香草粉	2.5	公克
Sugar 細砂糖	10	公克
Corn starch 玉米粉	10	公克
Cake flour 低筋麵粉	10	公克
Egg 蛋	1	個
Butter 奶油	10	公克
Milk 牛奶	60	毫升
Lemon juice 檸檬汁	45	毫升
Lemon zest 檸檬原色皮	2-3	個
Meringue 蛋白霜		
Egg white 蛋白	100	公克
Confectioner's suger 糖粉	70	公克

派皮作法

1 用刀將奶油切成小顆粒狀，放在室溫下軟化後，放入攪拌缸中，加入已過篩的麵粉，用橡皮刮刀先略微攪拌一下。

2 用攪拌機開始攪拌，逐次加入鹽、蛋及冰水，攪拌至混合均勻，成爲鬆散的麵糰。

3 用手將鬆散的麵糰搓揉均勻，揉成球狀，蓋上保鮮膜後放入冰箱冷藏1小時。

4 取出冷藏的麵糰，分成2份，用擀麵棍稍微將每個麵糰擀開。用麵粉當手粉，可使麵糰更輕易地擀開。

5 將麵糰擀成面積比派盤更大一點的派皮，放在派盤上，用手輕壓讓派皮貼緊派盤，並讓派皮延伸超過派盤邊緣。

6 以刮刀將多餘的派皮沿派盤邊緣修齊。

7 將派盤放入已預熱180°C的烤箱中，烤至七、八分熟。

格斯餡料作法

1 在鋼盆中放入香草粉、細砂糖、玉米粉、低筋麵粉和蛋，用打蛋器打勻。

2 將牛奶加熱，逐次加入作法1中，並持續用打蛋器攪拌，使其混合均勻。

3 將鋼盆放在爐子上以小火慢慢加熱，煮到餡料呈濃稠狀即可離火，趁熱加入奶油拌勻。

4 最後加入檸檬原色皮和檸檬汁拌勻，放在一旁冷卻備用。

蛋白霜作法

在鋼盆（或攪拌盆）中放入蛋白，將蛋白攪打成硬挺狀，再加入糖粉攪打到發亮濃稠。

組　合

1 將餡料倒在派皮中，用刮刀稍微抹平。

2 將蛋白霜裝入擠花袋中，從中心點以螺旋形將蛋白霜擠到餡料上方。

3 在已預熱的烤箱中將派以180°C烤約10分鐘，或直到蛋白霜呈現淡金黃色，脫模切塊後盛盤，放上薄荷葉，在旁邊撒些可可粉裝飾即可。

紅茶布蕾

Créme Breme au Black Tea

份量：容量約120ml的布丁杯約30杯

材料

材料	數量	單位
Milk 牛奶	1.3	公升
Black tea 紅茶（如用伯爵茶則減半）	70	公克
Cream 鮮奶油	1.3	公升
Egg yolk 蛋黃	30	個
Sugar 細砂糖	400	公克

作法

1 將紅茶放入鋼盆中，加入1/3的牛奶和350克的細砂糖，拌勻後用小火煮開，再用篩網過濾掉茶葉。

2 在另一鋼盆中將蛋黃打勻，加入剩餘的牛奶繼續打勻，用篩網過濾後加鮮奶油拌勻。

3 將作法1的牛奶倒入作法2的牛奶及鮮奶油之中，攪拌均勻，分別倒入布丁杯模型中，約8分滿即可。

4 將布丁杯模型放入烤盤中，再將烤盤放入烤箱中，在烤盤中注入熱水，水約到模型高度的一半，以110°C烤約30-40分鐘，放涼後即可放入冰箱冷藏。

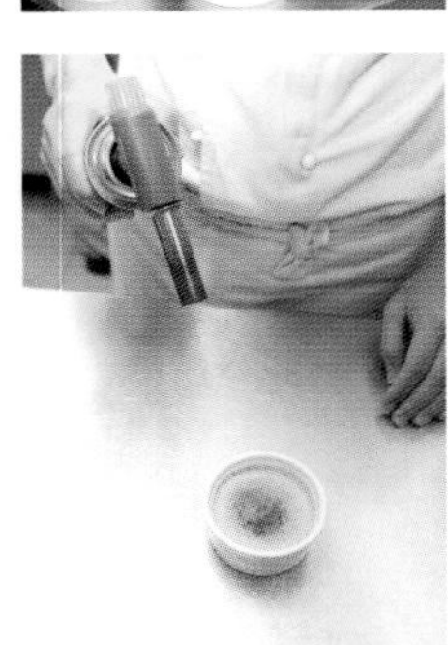

5 隔天取出後在表面撒一些糖，用瓦斯噴槍將表面燒烤上色即可。

法式金桔香橙雪糕

Kumquat and orange Parfait

份量：8份

材料

材料	數量	單位
Egg yolk 蛋黃	8	個
Frozen Kumquat juice 冷凍金桔果泥（一盒）	240	毫升
Orange 柳橙（擠汁）	4	個
Cream 鮮奶油	400	毫升
Sugar 細砂糖（為了不讓成品太甜，可酌量減少糖的份量）	120	公克

材料	數量	單位
Garnish 裝飾		
Strawberry 草莓	8	顆
Mint leave 薄荷葉	8	株
Red currant 紅醋栗	32	粒
Red currant puree 紅醋栗果泥	120	毫升
Orange zest 香橙原色皮	2	公克

作法

1 在大的鋼盆中放入蛋黃、金桔果泥、柳橙汁，再隔著熱水用打蛋器打匀，直到三者充分混合在一起。再將細砂糖加入拌勻，攪拌至所有材料融化並混合均勻。

2 在另一鋼盆中放入鮮奶油，小心地將鮮奶油打發，然後將鮮奶油加入作法1中，慢慢攪拌均勻。

3 將拌好的雪糕液倒入模具中，若使用中空的模具則必須事先用鋁箔紙將底部包住。將模具送到冰箱中冷凍，讓雪糕凝固成型。

4 食用時將雪糕自冰箱取出脫模，再以草莓、薄荷葉、紅醋栗、紅醋栗果泥、香橙原色皮裝飾即可。

義大利奶酪
Panna Cotta

份量：大舒芙蕾杯 6 杯

材料

材料	數量	單位
Gelatine 吉利丁片	5	片
Milk 牛奶	250	毫升
Cream 鮮奶油	500	毫升
Sugar 細砂糖	100	公克
Vanilla bean 香草豆莢	5	枝

材料	數量	單位
Garnish 裝飾		
Honetdew pearl 哈蜜瓜球	6	粒
Mint leave 薄荷葉	6	株
Orange zest 香橙原色皮	2	公克

作法

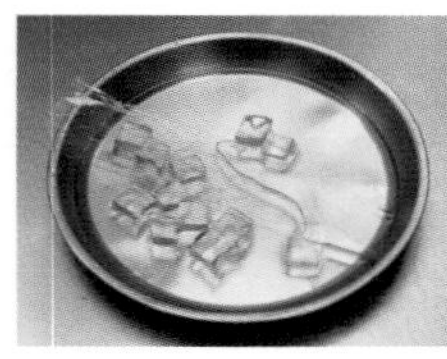

1 吉利丁片泡冰水軟化。

2 牛奶加鮮奶油和細砂糖放入鋼盆中，將香草豆莢用小刀剖開，取出香草豆莢內的黑籽，連同香草莢外皮，一起放入鋼盆中。

3 以小火慢煮，用攪拌器攪拌直到冒煙即離火，不可煮到沸騰，否則會變硬布丁。

4 將吉利丁片的水擰乾，放入煮熱的鮮奶油及牛奶中，攪拌至吉利丁片完全融化，取出香草莢外皮，即成奶酪液。

5 將奶酪液注入杯中，放置1小時，再放入冰箱冷藏至隔天，在表面放入哈蜜瓜球、薄荷葉、香橙原色皮裝飾即可。

芒果布丁

Mango Pudding

份量：大舒芙蕾杯 4 杯

材料

材料	數量	單位
Water 水	120	毫升
Gelatin 吉利丁片	3	片
Sugar 細砂糖	70	公克
Milk 牛奶	120	毫升
Mango puree 芒果泥	220	毫升
Mango diced 芒果（切丁）	1	顆

材料	數量	單位
Garnish 裝飾		
Red currant 紅醋栗	20	粒
Mint leave 薄荷葉	4	株

方法

1 吉利丁片泡冰水軟化備用。將水、細砂糖及牛奶放入鋼盆中拌勻，以小火煮沸後熄火，再將泡軟並擰乾水分的吉利丁片加入拌勻。

2 稍涼後加入芒果泥和芒果丁拌勻，盛入舒芙蕾杯中，放入冰箱中冷藏，待布丁凝固定形即可，食用時可再放上紅醋栗及薄荷葉裝飾。

海綿蛋糕

Sponge Cake

份量：8吋模型2個

材料

材料	數量	單位
Egg 蛋（含蛋殼之總重）	225	公克
Sugar 細砂糖	112	公克
Cake flour 低筋麵粉	100	公克
Milk 牛奶	100	毫升
Butter 奶油	25	公克

作法

1 將蛋放入攪拌缸中，加入細砂糖後用攪拌機打發至濕性發泡，成爲白色稠狀（可用噴火槍在缸下直接加熱，便可加速打發），持續以低速攪拌，慢慢加入麵粉拌匀。

2 將奶油和牛奶放入鍋中隔水加熱溶化拌匀，加入作法1的麵糊中拌匀。

3 烤箱事先預熱。將麵糊倒入模型中，放入烤箱中，以上火200°C、下火150°C烘烤10-15分鐘即可。

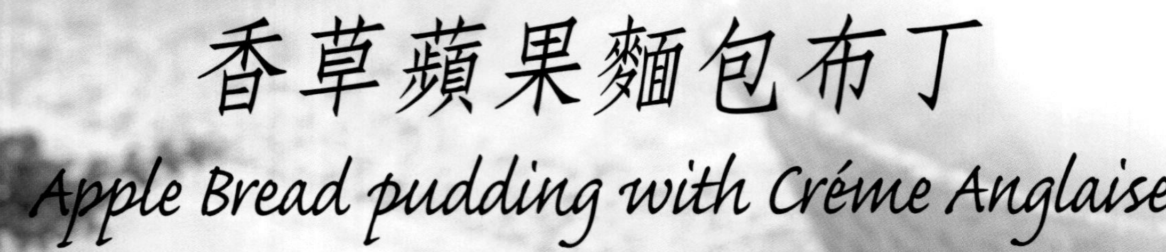

香草蘋果麵包布丁
Apple Bread pudding with Créme Anglaise

份量：大舒芙蕾杯 6 杯

材　料

材料	數量	單位
White bread 白麵包	100	公克
Butter 奶油	60	公克
Sugar 細砂糖	50	公克
Egg 蛋	50	公克
Salt 鹽	1	公克
Vanilla powder 香草粉	1	公克
Milk 牛奶	250	毫升
Cinnamon powder 玉桂粉	適量	
Nutmeg powder 荳蔻粉	適量	
Apples sliced 蘋果片	12	片
Brandy 白蘭地	10	毫升
Water 水	30	毫升

材料	數量	單位
Creme Anglaise 香草醬汁		
Cream 鮮奶油	160	毫升
Sugar 細砂糖	60	公克
Milk 牛奶	80	毫升
Vanilla bean 香草豆莢	1	根
Egg yolk 蛋黃	3	個
Almond Tile 杏仁瓦片		
Butter 奶油	80	公克
Confectioner's sugar 糖粉	80	公克
Egg white 蛋白	80	公克
Bread flour 高筋麵粉	80	公克
Almond sliced 杏仁片	60	公克
Garnish 裝飾		
Strawberry 草莓	6	顆
Peach sliced 水蜜桃片	24	片
Raspberry puree 覆盆子果泥	少許	

作　法

1 用約25克的奶油炒蘋果片，加入水煮至軟，再加入白蘭地略炒一下提升香味。

2 將烤盅內層塗上一層奶油，再沾裹上一層細砂糖。將白麵包抹上奶油（適量，約35克）切塊，與蘋果片一起放入烤盅內。

3 將蛋、細砂糖、鹽、香草粉、玉桂粉及荳蔻粉一起放進鋼盆中打勻後，加入牛奶攪拌均勻，倒入烤盅內，並放入冰箱冷藏至少1-2小時。

4 將烤盅放入已事先預熱的烤箱中，以隔水加熱方式，用160°C烘烤約半小時，烤至凝固成形，放至隔夜。

5 製作香草醬汁，先將細砂糖與蛋黃放入鋼盆中攪打至乳白狀，加入鮮奶油、牛奶、香草豆莢煮至沸騰，持續攪拌，煮至濃稠（約82°C），可用木匙試濃稠度，過濾後即爲香草醬汁。

6 製作杏仁瓦片，先將奶油與糖粉放在鋼盆中，用攪拌器慢慢攪拌，直至奶油與糖粉充分融化拌勻，再加入蛋白與麵粉拌勻，放入冰箱冷藏3小時左右。

7 從冰箱取出奶油麵糊，加入杏仁片拌勻。用湯匙取適量麵糊舀在烤盤上，用湯匙或叉子將麵糊攤開，成爲圓片狀。將烤盤放入已預熱的烤箱中，以180°C-190°C的溫度烘烤至表面微黃即可。

8 上菜時，將麵包布丁倒扣在盤中，淋上香草醬汁，滴上覆盆子果泥數滴，以杏仁瓦片、草莓、水蜜桃片裝飾即可。

藍莓起士塔

Blueberry Cheeses Tart

份量：8吋菊花派盤 3 份

材料

材料	數量	單位
Fillings 內餡		
Cream cheese 乳酪	220	公克
Sugar 細砂糖	20	公克
Egg yolk 蛋黃	2	個
Lemon juice 檸檬汁	15	毫升
Lemon zest 檸檬皮屑	1	個
Cherry brandy 櫻桃白蘭地	1	茶匙
Egg white 蛋白（3顆蛋）	60	公克
Sugar 細砂糖	30	公克
Blueberry jam 藍莓果醬	100	公克

材料	數量	單位
Tarts 塔皮		
Butter 奶油	90	公克
Confectioner's sugar 糖粉	25	公克
Egg 蛋	1	個
Cake flour 低筋麵粉	180	公克
Garnish 裝飾（每一小份）		
Red currant 紅醋栗	4	粒
Mint leave 薄荷葉	1	株
Strawberry puree 草莓果泥	15	毫升
Confectioner's sugar 糖粉	5	公克

作法

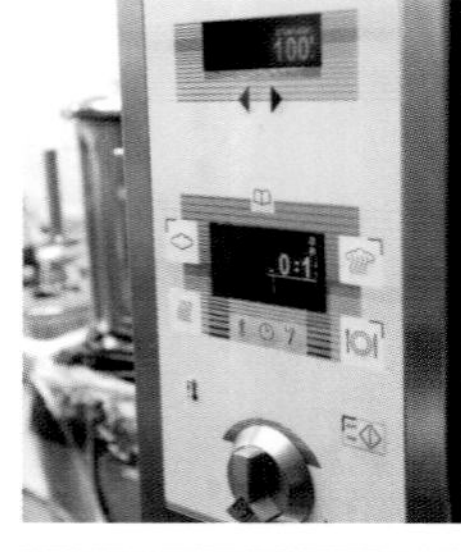

1 烤箱事先以上下火200°C預熱。

2 製作塔皮：

(1) 將奶油與糖粉充分攪拌均勻，攪打成乳白色。

(2) 蛋分次加入拌勻。

(3) 低筋麵粉過篩後加入前項，慢慢壓揉變成麵糰（粒狀結構）。

(4) 將麵糰放入冰箱冷藏鬆弛1小時。

(5) 將麵糰分割成三糰，擀平放入8吋菊花派盤中。

(6) 用叉子在底部戳洞，以免內部膨脹過度。

3 製作內餡：

(1) 乳酪與細砂糖20克放入攪拌機中，攪打至非常均勻、無顆粒的狀態。

(2) 分別將蛋黃、檸檬汁、檸檬皮屑、櫻桃白蘭地依序加入拌勻。

(3) 將蛋白加細砂糖30克用攪拌機攪打至濕性發泡，取1/3蛋白加入前項乳酪糊中拌勻，再將剩餘的2/3一起加入拌勻即成為內餡。

(4) 將內餡平均倒入三個派盤中，放入烤箱中以160 °C烤15分鐘後，至表面呈金黃色即可取出。

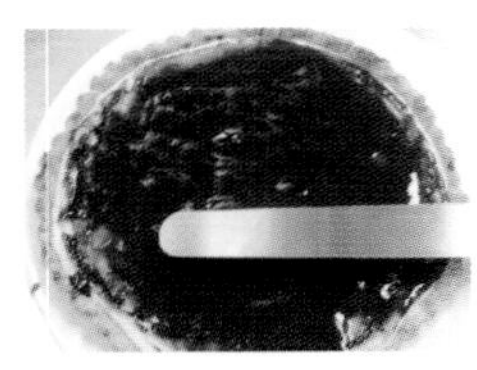

(5) 放涼後，表面抹上果醬切成八等份。取1份放在盤子中，淋上少許草莓果泥，放上薄荷葉及紅醋栗，再撒上少許糖粉裝裝飾即可。

※ 註：檸檬皮須以磨皮器研磨。

瑞士蘋果丸子襯香蕉奶油沙司

Apple Dumplings with Banana Cream

份量：10 份

材 料

材料	數量	單位
Dumplings 丸子		
Whole wheat bread 全麥麵包	100	公克
Apple 蘋果	125	公克
Raisin 葡萄乾	50	公克
Sugar 細砂糖	20	公克
Grated zest 檸檬皮屑	1	顆
Lemon juice 檸檬汁	6	毫升
Egg 蛋	90	公克
Butter 奶油	20	公克
Brandy 白蘭地	30	毫升

材料	數量	單位
Banana cream sauce 香蕉奶油沙司		
Bananas 香蕉	100	公克
Apple juice 蘋果汁	35	毫升
Grenadine syrup 石榴汁糖漿	5-6	毫升
Lemon juice 檸檬汁	5-6	毫升
Garnish 裝飾（每一小份）		
Confectioner's sugar 糖粉	適量	
Mint leave 薄荷葉	10	朵
Mango puree 芒果果泥	40	毫升

作 法

1 葡萄乾加白蘭地浸泡備用。麵包切小丁，蘋果去核、去皮，並切成細條狀。在鋼盆中將麵包丁、蘋果條、蛋、葡萄乾一起拌勻。

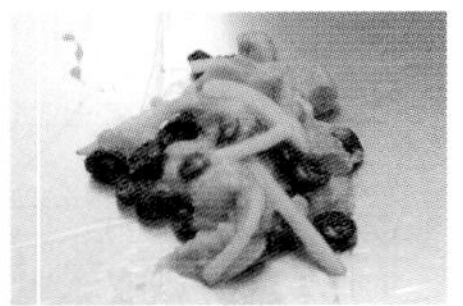

2 用奶油將作法1的材料炒香，加入細砂糖、檸檬皮屑、檸檬汁，混合所有材料後做成十個球，以保鮮膜緊緊地包好繫緊。

3 將10個球放在水中小火慢煮10分鐘後撈起。

4 製作沙司：

(1) 香蕉去皮，用攪拌器壓成泥。

(2) 再和蘋果汁、石榴汁糖漿、檸檬汁一起用攪拌棒或放入果汁機中打成醬汁。

5 在每個盤子中放入一顆丸子，淋上香蕉奶油沙司，灑上糖粉和放上薄荷葉，最後淋上芒果果泥裝飾即可。

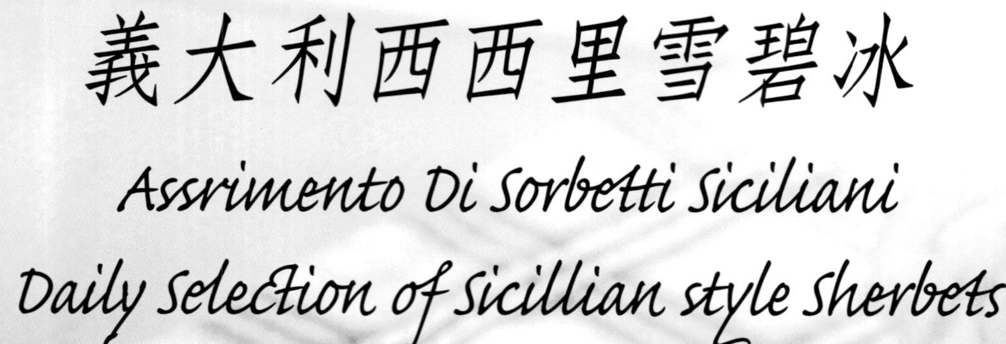

義大利西西里雪碧冰

Assrimento Di Sorbetti Siciliani

Daily Selection of Sicillian style Sherbets

份量：每份約80公克，可做3份

材料

材料	數量	單位
Sherbet 雪碧		
Sugar 細砂糖	50	公克
Water 水	100	毫升
Raspberry puree 覆盆子果泥	100	毫升
Egg white 蛋白	1	個

材料	數量	單位
Garnish sauce 裝飾（每一小份）		
White currant 白醋栗	5	粒
Almond Tuile 杏仁瓦片（請參考p. 217的材料及p. 218的作法6及7）	1	片

作法

1 細砂糖與水一起煮沸，用攪拌器使之充分混合。

2 將覆盆子果泥加入其中拌勻。

3 冷卻後加入蛋白拌勻。

4 將拌勻的材料放入冰淇淋機中製成雪碧冰。

5 雪碧冰完成後，自冰淇淋機中取出，用冰淇淋挖球器挖成球狀放入杯中，再用杏仁瓦片及白醋栗裝飾。

芒果芭樂千層塔、覆盆子優格醬

Mango and Guava Mille Feuille with Raspberry and Yoghurt Sauce

份量：4份

材料

材料	數量	單位
Mango slice 芒果片 （約一顆芒果，切成約10cm長、0.2cm厚的長薄片）	12	片
Mango puree 芒果果泥	100	毫升
Sugar 細砂糖	100	公克
Egg yolk 蛋黃	3	個
Lemon juice 檸檬汁	10	毫升
Brandy 白蘭地	48	毫升
Gelatin 吉利丁片	9	公克
Butter 奶油	50	公克
Sugar 細砂糖	50	公克
Water 水	100	毫升

材料	數量	單位
Cream 鮮奶油	296	毫升
Phyllo 薄麵皮	111	公克
Raspberry puree 覆盆子果泥	5	毫升
Yoghurt 優格	30	毫升
Guava sliced 芭樂片	60	公克
Melon sliced 蜜瓜片	60	公克
Garnish 裝飾		
Confectioner's sugar 糖粉	5	公克
Red currant 紅醋栗	16	顆
Mint leave 薄荷葉	4	片

方法

1 芒果慕斯：將蛋黃、細砂糖100克、檸檬汁及白蘭地一起用攪拌機打發，再加入加熱的芒果果泥，及已事先泡冰水軟化的吉利丁片拌匀。

2 拌入打發的鮮奶油拌匀，即成爲芒果慕斯。

3 將100毫升水及50公克細砂糖煮成糖水，再將芭樂片、蜜瓜片用糖水略煮一下。

4 將芭樂片及蜜瓜片擦乾水分後入油鍋炸至酥脆狀。

5 烤麵皮：將麵皮切割成四方形，塗滿融化奶油，以明火烤箱烘烤至上色酥脆。

6 將薄麵皮放在盤子上，放上芒果片、芭樂片及蜜瓜片，淋上一些芒果慕斯，如此重複三次，疊成千層塔。

7 將覆盆子果泥及優格打成醬汁，淋在千層塔周圍，再放上紅醋栗及薄荷葉裝飾。

香芒乳酪慕斯

Mango and Cheese Mousse

份量：6吋慕斯模型2個

材料

材料	數量	單位
Mango puree 芒果果泥	50	毫升
Mascarpone cheese 馬斯卡邦起司	50	公克
Cream 鮮奶油	70	毫升
Brandy 白蘭地	3	毫升
Gelatine 吉利丁片	3	公克
Sugar 細砂糖	10	公克
Egg white 蛋白	12	公克
Sponge cake 海綿蛋糕（參考p. 215的作法）	4	片

材料	數量	單位
Garnish 裝飾（每一小份）		
Red currant 紅醋栗	5	粒
Strawberry 草莓	1/2	顆
Mint leave 薄荷葉	1	片
Creme anglaise 香草醬汁（參考p. 217的材料及p. 218的作法5）	45	毫升
Raspberry puree 覆盆子果泥	15	毫升

作法

1 將芒果泥放入鋼盆中，以小火慢慢加熱，用攪拌器攪拌，煮至80°C。

2 將起司放在鋼盆中，用攪拌器慢慢攪拌均勻，直至起司軟化。

3 吉利丁片先用冷開水泡軟，泡軟後擠乾水分，加少許冷開水，用隔水加熱方式將吉利丁片溶化。將鮮奶油放入鋼盆中，用攪拌機攪打至濕性發泡的狀態。

4 將蛋白放入鋼盆中，用攪拌器打發。將細砂糖加20cc的熱水融化，再將熱糖水徐徐加入打發蛋白中，攪拌降溫至室溫（約20°C左右）。

5 將起司、芒果泥、吉利丁液、鮮奶油、白蘭地一起拌勻，再倒入打發的蛋白中慢慢拌勻，即成芒果乳酪慕斯糊。

6 取慕斯框放在盤子上，先放上一片海綿蛋糕，再鋪上一層慕斯糊，然後再放一片海綿蛋糕，再鋪上一層慕斯糊，至與慕斯框同高度，用抹刀將表面抹平，即可放入冰箱冷藏。

7 將冷藏凝固的慕斯取出，切成8等份，取一份放入容器中，放上紅醋栗、草莓、薄荷葉，再淋上少許香草醬汁及覆盆子果泥裝飾即可。

紅豆抹茶冰淇淋

Red Bean Ice Cream with Green Tea

份量：1份

材料

材料	數量	單位
Milk 牛奶	50	毫升
Green tea powder 抹茶粉	2	公克
Egg yolk 蛋黃	1	個
Sugar 細砂糖	7	公克

材料	數量	單位
Cream 鮮奶油	45	毫升
Sweet red bean 蜜紅豆（煮熟的甜紅豆粒）	20-30	公克
White sesame 白芝麻	1	公克

作法

1 將牛奶放入鋼盆中加熱，取一部分溫熱的牛奶與抹茶粉拌勻，將攪拌好的抹茶加入鍋中與牛奶混合，攪拌均勻後繼續加熱到液體冒煙。

2 將蛋黃放在另一鋼盆中，加入細砂糖，攪拌混合約20秒，直至細砂糖融化。

3 將1/4至1/3的抹茶牛奶（作法1）加入作法2的蛋黃液中攪拌均勻，再加入剩餘的抹茶牛奶攪拌混合。

4 將作法3成品放在爐火上，邊煮邊攪，煮至接近稠狀（如勾芡的薄濃湯狀）即可熄火 ，煮好後將盆子放在冷水中，等待液體完全冷卻。

5 將鮮奶油打發至稠稠的糊狀，濃稠度約和作法4成品相同，然後與作法4成品混合均勻，最後加入蜜紅豆拌勻（亦可留少許蜜紅豆在最後裝飾用）。

6 將作法5成品倒入金屬盒子內，放在冰箱冷凍。30至40分鐘後取出攪拌，將蜜紅豆從底下撈起，表面弄平，重複約3至4次，再冰到完全硬後食用（大約隔夜），即成爲口感細緻綿密的冰淇淋，但較易融化。食用時用冰淇淋勺挖入杯中，再撒上白芝麻、蜜紅豆裝飾即可。

義大利提拉米蘇

Tirami-su"Pick-me-up", Mascar cream and coffee

份量：6-8 份

材　料

材料	數量	單位
Mascarpone cheese 馬斯卡邦起司	250	公克
Ricotta cheese 瑞可達起司	500	公克
Egg white 蛋白	3	個
Sugar 細砂糖	30	公克
Kahlua 卡嚕哇咖啡酒	20	毫升
Sponge cake 海綿蛋糕	90-120	公克
Cocoa powder 可可粉（表面裝飾）	150	公克

材料	數量	單位
Mix Coffee Liquer 咖啡酒糖液		
Iced water 冰水	100	毫升
Ground coffee 咖啡粉	12	公克
Sugar 細砂糖	16	公克
Kahlua 咖啡酒	6	毫升

作　法

1 將兩種起司放入鋼盆中輕輕拌勻，不可過度攪拌，否則會造成油水分離。

2 將蛋白與細砂糖30克放入攪拌缸中，用攪拌器打至呈濕性發泡狀態，並加入起司中拌勻。

3 最後加入卡嚕哇咖啡酒20毫升拌勻，即成為咖啡起司慕斯糊。

4 製作咖啡酒糖液：將冰水、咖啡粉、細砂糖、咖啡酒一起攪拌均勻。

5 先將咖啡起司慕斯糊倒入容器中約四至五分滿，再將海綿蛋糕切出適當大小放入容器中，並在海綿蛋糕上刷上咖啡酒糖液，接著再倒入慕斯直到容器全滿，再用小抹刀抹平即可送入冰箱冷藏。

6 冷藏凝固後取出，並撒上可可粉裝飾即可。

泡芙（格斯餡）
Puff (Custard)

份量：8 盤

材料

材料	數量	單位
Butter 奶油	100	公克
Water 水	100	毫升
Salt 鹽	3	公克
Sugar 細砂糖	5	公克
Cake flour 低筋麵粉	100	公克
Egg 蛋	3	個

材料	數量	單位
Custard 格斯餡		
Vanilla bean 香草豆莢	1/3	根
Sugar 細砂糖	30	公克
Corn starch 玉米粉	12	公克
Cake flour 低筋麵粉	12	公克
Egg 蛋	50	公克
Milk 牛奶	200	毫升
Butter 奶油	12	公克
Garnish 裝飾		
Strawberry 草莓	2	顆
Kiwi 奇異果	1	顆
Peach 水蜜桃	4	片
Grape 葡萄	4	粒
Confectioner's sugar 糖粉	10	公克

作法

1 先製作格斯餡，將細砂糖30克、玉米粉、低筋麵粉12克及蛋50克陸續放入鋼盆中，以攪拌器拌勻備用。

2 將香草豆莢加牛奶煮沸，沖入作法1中拌勻，繼續煮至沸騰，離火後取出香草豆莢，加入奶油12克拌勻，放涼備用，格斯餡即完成。

3 烤箱先以180°C預熱。

4 將奶油100克、水、鹽及細砂糖5克一起放入鋼盆中煮沸。

5 將過篩後的低筋麵粉100克加入作法4中拌勻，並以攪拌器繼續拌炒至成糰即可（炒時不可大火）。

6 將麵糊攪拌，以槳狀攪拌器拌打，機器一動，便要開始加蛋（3個），切不可讓麵糊溫度低於68度以下才開始加蛋，因為過低的溫度會造成麵糰與蛋液無法融合。

7 將麵糊裝入擠花袋，花嘴用平口或菊花嘴都可，間隔距離大小控制好，擠於烤皿上，放入烤箱中，以160°C烤15分鐘。

8 將格斯餡裝入擠花袋中，並擠入切開的泡芙中，再分別以草莓、奇異果片、水蜜桃片置於格斯餡上，完成後再於泡芙上灑上糖粉，並放上葡萄裝飾。

作者簡介及獲獎紀錄

賴顧賢

學歷

嘉南藥理科技大學餐旅系　畢業
高雄餐旅大學餐旅管理研究所　畢業

經歷

現任：高雄餐旅大學餐飲管理系專任技術副教授
曾任：1. Brother Hotel, Taipei　台北兄弟大飯店
2. Ever Green Hotel, Taichung　台中長榮桂冠酒店
3. Grand Hi-Lai Hotel, Kaohsiung　高雄漢來大飯店　副主廚
4. Far Eastern Plaza, Shangri-La Taipei　台北遠東國際大飯店　主廚
5. Grand Formosa, Taichung　台中晶華酒店　主廚；執行主廚
6. Grand Formosa, Kaohsiung　高雄晶華酒店　主廚
7. 台南亞洲餐旅學校　專任技術教師
8. 行政院勞工委員會西餐烹調技術士技能檢定監評人

海（內）外研習

1. （2008/05/17-2008/05/31）應邀美國南部紐奧良參與2008 SUSTA Food Utilization Program。
2. （2007/11/11-2007/11/22）法國里昂保羅伯居斯廚藝學院參訪，以交換老師一職受邀，協同上課方式，觀摩學校的教學模式。

獲獎紀錄

1. 2012年參加新加坡國際廚協廚藝賽（FHA2013 Culinary Challenge）榮獲Tapas冷展示銅牌（團隊獲得最佳海外隊獎）。
2. 2010年參加新加坡國際廚協廚藝賽（FHA2010 Culinary Challenge）榮獲Gourmet Team金牌。
3. 2001年參加第八屆馬來西亞Salon國際烹飪大賽，獲得西餐主菜銅牌獎及西式自助餐冷盤銅牌獎。
4. 1996年外交部指派代表台灣參加菲律賓國際烹飪比賽，獲得西式自助餐冷盤銅牌獎。

指導學生獲獎紀錄

★指導學生參加國際廚藝大賽，榮獲2面金牌6面銀牌28面銅牌

1. 指導學生參加2013HOFEX香港國際美食大獎，榮獲Live High Tea Set Competition下午茶銀牌，個人現場烹調兩面銀牌、四面銅牌，雙人學徒組現場烹調兩面銅牌。
2. 指導學生參加新加坡FHA2012國際烹飪挑戰賽，榮獲Dream Team銅牌，個人現場烹調一面銀牌、一面銅牌，雙人學徒組現場烹調三面銅牌。
3. 指導學生參加2011HOFEX香港廚藝大賽，榮獲餐前小食展示、西式烹調—美國春雞兩面金牌，夢幻團體挑戰賽、現場烹調及展示共九面銅牌。
4. 指導學生參加新加坡FHA2010國際烹飪挑戰賽，榮獲Dream Team銀牌及銅牌，個人現場烹調三面銅牌，雙人組現場烹調銅牌。
5. 指導學生參加2009 HOFEX香港廚藝大賽，榮獲職業組中式現代牛肉現場烹調銀牌，及現場豬肉烹調、學徒組Amuse Bouche、職業組Amuse Bouche共三面銅牌。

★指導學生參加全國性比（競）賽，榮獲4面金牌3面銀牌3面銅牌

西餐烹調理論與實務

作　　者／賴顧賢
出 版 者／揚智文化事業股份有限公司
發 行 人／葉忠賢
總 編 輯／閻富萍
地　　址／新北市深坑區北深路三段 260 號 8 樓
電　　話／(02)8662-6826
傳　　真／(02)2664-7633
網　　址／http://www.ycrc.com.tw
E-mail ／service@ycrc.com.tw
ISBN ／978-957-818-994-2
初版二刷／2015 年 9 月
定　　價／新台幣 450 元

國家圖書館出版品預行編目（CIP）資料

西餐烹調理論與實務 / 賴顧賢著. -- 初版.
-- 新北市 : 揚智文化, 2013.09
面 ; 公分

ISBN 978-957-818-994-2（平裝附光碟片）

1.烹飪 2.食譜

427 100003935